新技术技能人才培养系列教程

人工智能开发工程师系列

U0258626

Keras 深度学习与神经网络

Keras Deep Learning and Neural Networks

肖睿 程鸣萱 / 编著

人民邮电出版社

北　京

图书在版编目（CIP）数据

Keras深度学习与神经网络 / 肖睿，程鸣萱编著. ——
北京 ：人民邮电出版社，2022.8
ISBN 978-7-115-56478-8

Ⅰ．①K… Ⅱ．①肖… ②程… Ⅲ．①机器学习②人工
神经网络 Ⅳ．①TP18

中国版本图书馆CIP数据核字(2021)第076115号

内 容 提 要

本书从人工智能导论入手，阐述人工智能的发展及现状，重点介绍了机器学习和神经网络基础、反向传播原理、卷积神经网络和循环神经网络等内容。本书内容由浅入深，循序渐进，从神经元和感知机入手，逐步讲解深度学习中神经网络基础、反向传播以及更深层次的卷积神经网络、循环神经网络。本书知识体系完整，内容覆盖面广，介绍了深度学习中常用的模型和算法，助力读者全方位掌握深度学习的相关知识。

本书可作为高等院校计算机等相关专业的教材，也可供人工智能领域的技术人员学习使用，还可以作为人工智能研究人员的参考用书。

◆ 编　　著　肖　睿　程鸣萱
　　责任编辑　祝智敏
　　责任印制　王　郁　陈　犇
◆ 人民邮电出版社出版发行　　北京市丰台区成寿寺路11号
　　邮编　100164　电子邮件　315@ptpress.com.cn
　　网址　https://www.ptpress.com.cn
　　固安县铭成印刷有限公司印刷
◆ 开本：787×1092　1/16
　　印张：13　　　　　　　　　　2022年8月第1版
　　字数：249千字　　　　　　　2025年1月河北第4次印刷

定价：59.80元

读者服务热线：(010)81055256　印装质量热线：(010)81055316
反盗版热线：(010)81055315
广告经营许可证：京东市监广登字 20170147 号

序

工具和火的使用让人类成为高级生物，语言和文字为人类形成社会组织和社会文化提供了支撑。之后，人类历经农业革命、工业革命、能源革命、信息革命，终于走到今天的"智能革命"。薛定谔认为熵减是生命的本质，而第二热力学定律认为熵增是时间的本质。宇宙中生命的意义之一就是和时间对抗，而对抗的工具就是智能，智能的基础就是信息和信息熵。

人类智能可以分为：生物脑智能、工具自动化智能、人工智能等。其中人工智能主要是指机器智能，它又可以分为强人工智能和弱人工智能。强人工智能是制造有意识和生物功能的机器，如制造一个不但飞得快，还有意识、会扇动翅膀的鸟。弱人工智能则是直接实现目标功能，如制造只会飞的飞机。强人工智能现在还没有完全成为一门理性的学科，在心理学、神经科学等领域有很多问题需要解决，还有很长的路要走。弱人工智能是目前智能革命的主角，主要有基于知识工程和符号学习的传统人工智能，以及基于数据和统计学习的现代人工智能（包括机器学习和深度学习技术）。现代人工智能的本质是一种数据智能，主要适用于分析和预测，也是本序中讨论的主要的人工智能形式。其中，分析假设研究对象在问题领域的数据足够丰富；预测假设研究对象在时间变化中存在内在规律，过去的数据和未来的数据是同构的。分析和预测的基础是数学建模。根据以上对人工智能的分类和梳理，我们很容易就能判断当前的人工智能能做什么、不能做什么，既不会忽视人工智能的技术"威力"，也不会盲目神化人工智能。

很多人会把人工智能技术归属为计算机技术，但我认为计算机技术仅仅是人工智能的工具，而人工智能技术的核心在于问题的抽象和数据建模。如果把人工智能技术类比为天文学，计算机技术就可以类比为望远镜，二者有着密切的关系，但并不完全相同。至于其他计算机应用技术，如手机应用、网络游戏、计算机动画等技术，则可以类比为望远镜在军事、航海等领域的应用。如果将传统的计算机应用技术称为软件 1.0，人工智能技术则可以称为软件 2.0。软件 1.0 的核心是代码，解决的是确定性问题，对于问题解决方案的机制和原理是可以解释的、可以重复的；软件 2.0 的核心是数据，解决的是非确定性问题，对于问题解决方案的机制和原理缺乏可解释性和可重复性。用通俗的话来讲，软件 1.0 要求人们首先给出问题解决方案，然后用代码的方式告诉计算机如何去按照方案和步骤解决问题；软件 2.0 则只给出该问题的相关数据，然后让计算机自己学习这些数据，最后找出问题的解决方案，这个方案可以解决问题，但可能和我们自己的解决方案不同，我们也可能看不懂软件 2.0 的解决方案的原理，即"知其然不知其所以然"。但软件 2.0 非常适合解决人类感知类的问题，例如，计算机视觉、语音处理、机器翻译等。这类问题对于我们来说可以轻松解决，但是我们可能也说不清是怎么解决的，所以无法给出明确的解决方案和解决步骤，从而无法用软件 1.0 的方式让计算机解决这些问题。

如今，基于数据智能的人工智能技术正在变成一种通用技术，一种"看不见"但被广泛使用的技术。这类似于计算机对各个行业的影响，类似于互联网对各个行业的影响。

近期，工业互联网以及更广泛的产业互联网，将成为人工智能、大数据、物联网、5G 等技术最大的应用场景。

人工智能技术在产业中有 5 个重要的工作环节：一是算法和模型研究，二是问题抽象和场景分析，三是模型训练和算力支持，四是数据采集和处理，五是应用场景的软硬件工程。其中前 4 个工作环节属于人工智能的研究和开发领域，第 5 个属于人工智能的应用领域。

（1）算法和模型研究。数据智能的本质是从过去的数据中发现固定的模式，假设数据是独立同分布的，其核心工作就是用一个数学模型来模拟现实世界中的事物。而如何选择合适的模型框架，并计算出模型参数，让模型尽可能地、稳定地逼近现实世界，就是算法和模型研究的核心。在实践中，机器学习一般采用数学公式来表示一种映射，深度学习则通过深度神经网络来表示一种映射，后者在对数学函数的表达能力上往往优于前者。

（2）问题抽象和场景分析。在人工智能的"眼"中，世界是数字化的、模型化的、抽象的。如何把现实世界中的问题找出来，并描述成抽象的数学问题，是人工智能技术应用的第一步。这需要结合深度的业务理解和场景分析才能够完成。例如，如何表示一幅图、一段语音，如何对用户行为进行采样，如何设置数据锚点，都非常需要问题抽象和场景分析能力，是与应用领域高度相关的。

（3）模型训练和算力支持。在数据智能尤其是深度学习技术中，深度神经网络的参数动辄数以亿计，使用的训练数据集也是海量的大数据，最终的网络参数通常使用梯度优化的数值计算方法计算，这对计算能力的要求非常高。在用于神经网络训练的计算机计算模型成熟之前，工程实践中一般使用的都是传统的冯·诺依曼计算模型的计算机，只是在计算机体系设计（包括并行计算和局部构件优化）、专用的计算芯片（如 GPU）、计算成本规划（如计算机、云计算平台）上进行不断的优化和增强。对于以上这些技术和工程进展的应用，是模型训练过程中需要解决的算力支持问题。

（4）数据采集和处理。在数据智能尤其是深度学习技术中，数据种类繁多，数据数量十分庞大。如何以低成本获取海量的数据样本并进行标注，往往是一种算法是否有可能成功、一种模型能否被训练出来的关键。因此，针对海量数据，如何采集、清洗、存储、交易、融合、分析变得至关重要，但往往也耗资巨大。这有时成为人工智能研究和应用组织之间的竞争壁垒，甚至出现了专门的数据采集和处理行业。

（5）应用场景的软硬件工程。训练出来的模型在具体场景中如何应用，涉及大量的软件工程、硬件工程、产品设计工作。在这个工作环节中，工程设计人员主要负责把已经训练好的数据智能模型应用到具体的产品和服务中，重点考虑设计和制造的成本、质量、用户体验。例如，在一个客户服务系统中如何应用对话机器人模型来完成机器人客服功能，在银行或社区的身份验证系统中如何应用面部识别模型来完成人脸识别工作，在随身翻译器中如何应用语音识别模型来完成语音自动翻译工作等。这类工作的重点并不在人工智能技术本身，而在如何围绕人工智能模型进行简单优化和微调之后，通过软件工程、硬件工程、产品设计工作来完成具体的智能产品或提供具体的智能服务。

在就业方面，产业内的人工智能人才可以分为 5 类，分别是研究人才、开发人才、工程人才、数据人才、应用人才。对于这 5 类人工智能人才，工作环节都有不同的侧重比例和要求。

（1）研究人才，对于学历、数学基础都有非常高的要求；研究人才主要工作于学校或企业研究机构，其在人工智能技术的 5 个环节的工作量分配一般是 20%、20%、30%、30%、0%。

（2）开发人才，对于学历、数学基础都有要求；开发人才主要工作于企业人工智能技术提供机构的产品和服务部门，其在人工智能技术的 5 个环节的工作量分配一般是 10%、20%、30%、30%、10%。

（3）工程人才，对从业者的学历有要求，对其数学基础要求不高，主要工作于人工智能技术提供机构的产品和服务部门，其在人工智能技术的 5 个环节的工作量分配一般是 0%、20%、20%、30%、30%。

（4）数据人才，对从业者的学历、数学基础没有特殊要求，主要工作于人工智能技术提供机构、应用机构的数据和服务部门，其在人工智能技术的 5 个环节的工作量分配一般是 0%、10%、10%、70%、10%。

（5）应用人才，对从业者的学历、数学基础没有特殊要求，主要工作于人工智能技术应用机构的产品和服务部门，大部分来自传统的计算机应用行业，其在人工智能技术的 5 个环节的工作量分配一般是 0%、10%、10%、10%、70%。

课工场和人民邮电出版社联合出版的这一系列人工智能教材，目的是针对性地培养人工智能领域的开发人才和工程人才，是经过 5 年的技术跟踪、岗位能力分析、教学实践经验总结而成的。对于人工智能领域的开发人才和工程人才，其技能体系主要包括 5 个方面。

（1）数据处理能力。数据处理能力包括对数据的敏感，对大数据的采集、整理、存储、分析和处理技巧，用数学方法和工具从数据中获取信息的能力。这一点，对于人工智能研究人才和开发人才，尤其重要。

（2）业务理解能力。业务理解能力包括对领域问题和应用场景的理解、抽象、数字化能力。其核心是如何把具体的业务问题，转换成可以用数据描述的模型问题或数学问题。

（3）工具和平台的应用能力。即如何利用现有的人工智能技术、工具、平台进行数据处理和模型训练，其核心是了解各种技术、工具和平台的适用范围和能力边界，如能做什么、不能做什么，假设是什么、原理是什么。

（4）技术更新能力。人工智能技术尤其是深度学习技术仍旧处于日新月异的发展时期，新技术、新工具、新平台层出不穷。作为人工智能研究人才、开发人才和工程人才，阅读最新的人工智能领域论文，跟踪最新的工具和代码，跟踪人工智能平台和生态发展，也是非常重要的。

（5）实践能力。在人工智能领域，实践技巧和经验，甚至"数据直觉"，往往是人工智能技术得以落地应用、给企业和组织带来价值的关键因素。在实践中，不仅要深入理解各种机器学习和深度学习技术的原理和应用方法，更要熟悉各种工具、平台、软件包的性能和缺陷，对于各种算法的适用范围和优缺点要有丰富的经验积累和把握。同时，还要对人工智能技术实践中的场景、算力、数据、平台工具有全面的认识和平衡能力。

本系列教材在学习内容的选择、学习路径的设计、学习方法和项目支持方面，充分体现了以岗位能力分析为基础，以核心技能筛选和项目案例融合为核心，以螺旋渐进的学习模式和完善齐备的教学资料为特色的技术教材的要求。概括来说，本系列教材主要包含以下 3 个特色，可满足高校人工智能相关专业的教学和人才培养需求。

（1）实操性强。本系列的教材在理论和数学基础的讲解之上，非常注重技术在实践中的应用方法和应用范围的讨论，并尽可能地使用实战案例来展示理论、技术、工具的操作过程和使用效果，让读者在学习的过程中，一直沉浸在解决实际问题的对应岗位职业状态中，从而更好地理解理论和技术原理的适用范围，更熟练地掌握工具的实用技巧和了解相关性能指标，更从容地面对实际问题并找出解决方案，完成相应的人工智能技术岗位任务和考核指标。

（2）面向岗位。本系列的教材设计具备系统性、实用性和一定的前瞻性，使用了因受软件项目开发流程启发而形成的"逆向课程设计方法"，把课程当作软件产品，把教材研发当作软件研发。作者从岗位需求分析和用户能力分析、技能点设计和评测标准设计、课程体系总体架构设计、课程体系核心模块拆解、项目管理和质量控制、应用测试和迭代、产品部署和师资认证、用户反馈和迭代这 8 个环节，保证研发的教材符合岗位应用的需求，保证学习服务支持学习效果，而不仅仅是符合学科完备或学术研究的需求。

（3）适合学习。本系列的教材设计追求提高学生学习效率，对于教材来说，内容不应过分追求全面和深入，更应追求针对性和适应性；不应过分追求逻辑性，更应追求学习路径的设计和认知规律的应用。此外，教材还应更加强调教学场景的支持和学习服务的效果。

本系列教材是经过实际的教学检验的，可让教师和学生在使用过程中有更好的保障，少走弯路。本系列教材是面向具体岗位用人需求的，从而在技能和知识体系上是系统、完备的，非常适于高校的专业建设者参考和引用。因为人工智能技术的快速发展，尤其是深度学习和大数据技术的持续迭代，也会让部分教材内容，特别是使用的平台工具有落后的风险。所幸本系列教材的出版方也考虑到了这一点，会在教学支持平台上进行及时的内容更新，并在合适的时机进行教材本身的更新。

本系列教材的主题是以数据智能为核心的人工智能，既不包含传统的逻辑推理和知识工程，也不包含以应用为核心的智能设备和机器人工程。在数据智能领域，核心是基于统计学习方法的机器学习技术和基于人工神经网络的深度学习技术。在行业实践应用中，二者都是人工智能的核心技术，只是机器学习技术更加成熟，对数学基础知识的要求会更高一些；深度学习的发展速度比较快，在语音、图像、文字等感知领域的应用效果惊人，对数据和算力的要求比较高。在理论难度上，深度学习比机器学习简单；在应用和精通的难度上，机器学习比深度学习简单。

需要注意的是，人们往往认为人工智能对数学基础要求很高，而实际情况是：只有少数的研究和开发岗位会有一些高等数学方面的要求，但也仅限于线性代数、概率论、统计学习方法、凸函数、数值计算方法、微积分的一部分，并非全部数学领域。对于绝大多数的工程、应用和数据岗位，只需要具备简单的数学基础知识就可以胜任，数学并非核心能力要求，也不是学习上的"拦路虎"。因此，在少数学校的以人工智能研究人才为培养目标的人工智能专业教学中，会包含大量的数学理论和方法的内容，而在绝大多数以应用型人才培养为目标的专业教学中，并不需要包含大量的数学理论和方法的内容，这也是本系列教材在专业教学上的定位。

人工智能是人类在新时代最有潜力和生命力的技术之一，是国家和社会普遍支持和重点发展的产业，是人才积累少而人才需求大、职业发展和就业前景非常好的一个技术领域。可以与人工智能技术崛起媲美的可能只有 40 年前的计算机行业的崛起，以及 20 年前的互联网行业的崛起。我真心祝愿各位读者能够在本系列教材的帮助下，抓住技术升级的机遇，进入人工智能技术领域，成为职业赢家。

北大青鸟研究院院长 肖睿

于北大燕北园

2020 年 6 月

前　言

当今，人工智能又一次进入蓬勃发展的黄金时期。人工智能技术在各个领域均取得了重大的突破。无论是计算机视觉、语音识别还是自然语言处理，人工智能技术一次又一次给人们带来惊喜。特别是神经网络的发展，使得深度学习技术成为人工智能发展里程碑式的技术变革。

然而深度学习知识本身具备一定难度，学习者不仅需要具备一定的 Python 语言的编程能力，同时还需要具备一定的机器学习的基础知识，这使得多数初学者都会望而生畏。

为了减少初学者的压力，激发其学习兴趣，本书从人工智能导论入手，介绍人工智能的起源及发展历程，使读者在了解人工智能、机器学习、深度学习三者之间的关系后，从学习机器学习基础开始，逐步深入到深度学习知识体系。

本书主要分为五大部分，主要内容如下。

第一部分（第 1、2 章）为人工智能导论及环境搭建。该部分主要介绍人工智能发展历程，详细介绍深度学习的发展和应用情况，并讲解如何配置深度学习的开发环境。

第二部分（第 3 章）为机器学习基础。该部分主要讲解机器学习的基本思想、算法分类，重点讲解回归和分类算法的原理，以及损失函数、梯度下降等机器学习中涉及的重要概念。

第三部分（第 4~7 章）为深度学习基础及神经网络。该部分从基础的神经网络结构开始，介绍神经元、感知机、全连接神经网络；讲解从输入层到输出层的计算方法及激活函数的意义；深入剖析反向传播的原理；最终利用神经网络在经典的 MNIST 数据集上进行模型训练、预测及模型评估。

第四部分（第 8、9 章）为卷积神经网络。该部分着重讲解卷积神经网络，将卷积神经网络和全连接神经网络进行对比，最终通过复现经典的 LeNet 卷积神经网络完成图像分类任务；结合实例介绍几种经典的卷积神经网络，如 AlexNet、VGG、GoogLeNet、DenseNet 等，并介绍这些网络各自的特性。

第五部分（第 10 章）为循环神经网络。该部分介绍处理时序的循环神经网络，同时介绍它的变体算法，并且利用其解决案例分类问题。

为了使读者更好地学习深度学习的相关知识，本书以理解神经网络的算法原理、掌握神经网络基础模型搭建为目标，通过 Keras 框架训练深度学习模型，采用从理论到实践的方法讲解深度学习的相关技术。本书特色具体介绍如下。

（1）从机器学习基础理论讲起，尽可能降低深度学习理论体系的学习门槛。

（2）对深度学习经典的算法进行理论性的剖析和公式推导，使读者能够尽可能地理解算法本身的原理。

（3）利用 Keras 框架实现模型训练，该框架快捷方便、易于上手，使读者在理解深度学习知识原理的同时，又能轻松实现算法模型。

在学习本书的过程中，建议读者以理论与实践相结合的方式进行探索，多尝试、多动手，通过实际操作更加深入地理解深度学习的相关知识。

由于编者水平有限，书中难免存在欠妥之处。因此，编者由衷希望广大读者和专家学者能够拨冗提出宝贵的修改建议。

北大青鸟研究院

2021 年冬于北京

目　录

第1章　人工智能导论 ··· 1

任务1.1　了解人工智能的发展历程 ······························· 2

任务1.2　理解人工智能、机器学习和深度学习之间的关系 ··········· 7

任务1.3　了解深度学习的发展与应用情况 ························ 10

1.3.1　深度学习的发展 ·································· 10

1.3.2　深度学习的应用情况 ···························· 12

本章小结 ··· 15

本章习题 ··· 16

第2章　Keras与环境配置 ··· 17

任务2.1　配置深度学习开发环境 ································ 18

2.1.1　Python开发环境的搭建 ························· 18

2.1.2　Keras与TensorFlow的安装 ···················· 21

任务2.2　快速入门Keras ······································ 23

2.2.1　为什么选择Keras ······························ 23

2.2.2　搭建Keras模型 ································· 24

本章小结 ··· 25

本章习题 ··· 25

第3章　机器学习基础 ··· 26

任务3.1　了解机器学习 ·· 27

3.1.1　为什么要让机器学习 ···························· 27

3.1.2　机器如何学习 ·································· 28

3.1.3　机器学习的算法 ································ 29

任务3.2　理解回归与分类 ······································ 30

3.2.1　回归 ··· 30

3.2.2　分类 ··· 33

任务3.3　理解什么是损失函数 ·································· 39

3.3.1　损失函数的意义 ································ 39

3.3.2　损失函数的种类 ································ 40

3.3.3　交叉熵损失函数 ································ 41

任务3.4 掌握梯度下降算法 ··· 44

　　3.4.1 梯度下降概述 ··· 44

　　3.4.2 学习率 ··· 46

　　3.4.3 梯度下降的形式 ··· 47

任务3.5 了解机器学习的通用工作流程 ··· 47

本章小结 ··· 51

本章习题 ··· 51

第4章 神经网络基础 ··· 52

任务4.1 了解人工神经元 ··· 53

　　4.1.1 生物神经元 ·· 53

　　4.1.2 人工神经元 ·· 54

任务4.2 掌握基础的神经网络结构 ··· 55

　　4.2.1 多层感知机模型 ··· 56

　　4.2.2 全连接神经网络 ··· 57

任务4.3 使用Python实现感知机 ··· 58

任务4.4 理解激活函数的作用 ··· 61

　　4.4.1 激活函数的意义 ··· 61

　　4.4.2 激活函数的种类 ··· 63

本章小结 ··· 67

本章习题 ··· 67

第5章 反向传播原理 ··· 68

任务5.1 计算神经网络的输出 ··· 69

任务5.2 掌握反向传播算法 ··· 71

　　5.2.1 反向传播算法的意义 ··· 71

　　5.2.2 反向传播算法的计算 ··· 72

任务5.3 使用Python实现反向传播算法 ··· 76

本章小结 ··· 81

本章习题 ··· 81

第6章 深度神经网络手写体识别 ··· 82

任务6.1 掌握使用Keras构建神经网络的模型 ······························· 83

　　6.1.1 顺序模型 ·· 84

　　6.1.2 函数式模型 ·· 87

任务6.2 使用手写体识别数据集MNIST ··· 89

任务6.3 深度神经网络解决图像分类问题 ······································· 92

本章小结 ··· 98

本章习题 ·· 98

第7章　神经网络优化 ···99

任务7.1　模型评估 ··· 100

7.1.1　选择一个可靠的模型 ··· 100

7.1.2　欠拟合和过拟合 ·· 102

任务7.2　范数正则化避免过拟合 ··· 104

任务7.3　丢弃法避免过拟合 ··· 109

任务7.4　掌握改进的优化算法 ·· 114

7.4.1　小批量梯度下降 ·· 114

7.4.2　小批量随机梯度下降算法的改进 ···························· 115

本章小结 ··· 120

本章习题 ··· 120

第8章　卷积神经网络 ···121

任务8.1　初识卷积神经网络 ··· 122

8.1.1　卷积概述 ·· 122

8.1.2　与全连接神经网络的对比 ···································· 124

任务8.2　卷积运算 ··· 127

8.2.1　卷积核 ··· 127

8.2.2　填充和步幅 ·· 129

8.2.3　多通道卷积 ·· 133

8.2.4　池化层 ··· 137

任务8.3　LeNet实现图像分类 ··· 139

8.3.1　LeNet——开山之作 ·· 139

8.3.2　LeNet进行图像分类 ··· 140

本章小结 ··· 142

本章习题 ··· 143

第9章　卷积神经网络经典结构 ···144

任务9.1　训练深度卷积神经网络 ··· 145

9.1.1　AlexNet ··· 146

9.1.2　图像增广 ·· 147

9.1.3　实现AlexNet ··· 149

任务9.2　进一步增加网络的深度 ··· 154

9.2.1　VGG系列 ·· 154

9.2.2　应用VGG16预训练模型进行特征提取 ······················ 156

任务9.3　认识并行结构的卷积神经网络 ··································· 161

9.3.1　GoogLeNet ·· 161

9.3.2　Inception块 ·· 162

9.3.3　1×1的卷积核 ·· 162

9.3.4　GoogLeNet的网络结构 ··· 163

任务9.4　把网络深度提升至上百层 ··· 164

9.4.1　深度残差网络 ·· 164

9.4.2　稠密连接网络 ·· 170

本章小结 ·· 171

本章习题 ·· 172

第10章　循环神经网络 ·· 173

任务10.1　对时序数据建模 ·· 174

10.1.1　时序数据 ··· 175

10.1.2　循环神经网络 ··· 177

任务10.2　增加循环神经网络的记忆 ·· 182

10.2.1　长短期记忆网络的原理 ·· 182

10.2.2　基于LSTM实现IMDb电影评论情感分类 ·· 186

任务10.3　优化长短期记忆网络 ·· 192

10.3.1　GRU网络 ·· 193

10.3.2　基于GRU实现IMDb数据预测并与LSTM对比 ·································· 194

本章小结 ·· 195

本章习题 ·· 196

第 1 章

人工智能导论

技能目标

➢ 了解人工智能"三起两落"的发展历程。

➢ 理解人工智能、机器学习、深度学习以及三者之间的关系。

➢ 了解深度学习的发展和深度学习在各个领域的应用。

本章任务

通过学习本章，读者需要完成以下 3 个任务。读者在学习过程中遇到的问题，可以通过访问课工场官网解决。

任务 1.1 了解人工智能的发展历程。

任务 1.2 理解人工智能、机器学习和深度学习之间的关系。

任务 1.3 了解深度学习的发展与应用情况。

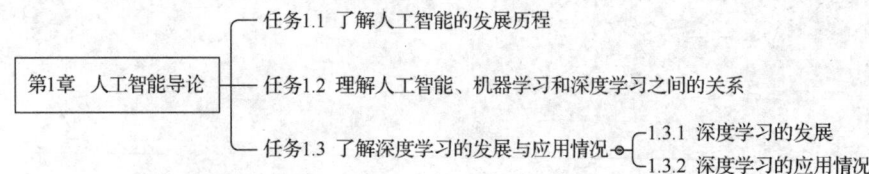

第1章　人工智能导论
├ 任务1.1 了解人工智能的发展历程
├ 任务1.2 理解人工智能、机器学习和深度学习之间的关系
└ 任务1.3 了解深度学习的发展与应用情况 ─ 1.3.1 深度学习的发展
　　　　　　　　　　　　　　　　　　　　　　　1.3.2 深度学习的应用情况

人工智能是指通过机器模拟人类的"看、听、说、想、学"等行为的智能科学技术。本章主要从人工智能的发展历程开始，介绍人工智能、机器学习和深度学习三者之间的关系，并特别介绍深度学习的发展。另外，通过介绍深度学习在各个领域上的应用，让读者认识人工智能技术的发展情况。

任务 1.1　了解人工智能的发展历程

【任务描述】

了解人工智能的诞生，以及人工智能"三起两落"的发展历程。

【关键步骤】

（1）了解人工智能的起源。

（2）了解人工智能的诞生。

（3）了解人工智能的崛起与低谷。

1．人工智能的起源

人工智能自诞生之日已经发展几十年了，但是相对于历史悠久的数学、物理等学科，人工智能的历史比较短暂。现代的人工智能始于古典哲学家用机械符号处理的观点解释人类思考过程的尝试。1940 年左右，基于抽象数学推理的可编程数字计算机的发明，使得一部分科学家开始探讨构造电子大脑的可能性。例如，德国哲学家莱布尼茨（Leibniz，见图 1.1）猜测人类的思想可以简化为机械计算。

图1.1　莱布尼茨

　　最初的人工智能的研究成果是 20 世纪 30 年代末到 50 年代初的一系列科学进展交汇的产物。神经学研究发现，大脑可视为由神经元组成的电子网络，其激励电平只存在"有"和"无"两种状态，不存在中间状态。美国应用数学家诺伯特·维纳（Norbert Wiener）的控制论描述了电子网络的可控性和稳定性。"信息学之父"克劳德·艾尔伍德·香农（Claude Elwood Shannon）提出的信息论描述了数字信号（高、低电平代表的二进制信号）。"计算机科学之父"艾伦·麦席森·图灵（Alan Mathison Turing）的计算理论证明，数字信号足以描述任何形式的计算。这些密切相关的想法暗示了构建电子大脑的可能性。

　　于是，这一时期出现了对机器人的研发，如美国神经病学家沃尔特（Walter William Grey）提出的"testudo"（拉丁文，意思为龟），还有"约翰·霍普金斯野兽"（Johns Hopkins Beast）。但这些机器其实并未使用计算机，而是单纯地使用了数字电路和符号推理，控制它们的是纯粹的模拟电路。

　　随后，美国数理逻辑学家沃尔特·皮茨（Walter Pitts）和心理学家沃伦·麦卡洛克（Warren McCulloch）一起研究出世界上第一个神经元网络模型，指出了它们进行简单逻辑运算的原理和机制，他们是最早描述所谓"神经网络"的学者。巧合的是，1950 年"人工智能之父"图灵发表了一篇跨时代的论文，文中预言了创造出具有真正智能的机器的可能性。由于注意到"智能"这一概念难以确切定义，他提出了著名的图灵测试，按照图灵的设想，如果一台机器能够与人类开展对话而不被辨别出机器身份，那么这台机器就具有智能。

2. 人工智能的诞生

　　1956 年，马文·明斯基（Marvin Lee Minsky，见图 1.2）、约翰·麦卡锡（John McCarthy）、克劳德·艾尔伍德·香农等科学家组织了著名的达特茅斯会议。

图 1.2　年轻时的马文·明斯基

会议的主要议题包括：自动计算机、如何为计算机编程使其能够使用语言、神经网络、计算规模理论、自我改进、抽象、随机性与创造性等，会议的研讨历经两个月之久，其中提及了"人工智能"一词，虽然这个词在当时并没有被所有与会科学家完全认可，但是这场会议依然预示着人工智能的诞生，1956 年也成为人工智能元年。图 1.3 所示为美国达特茅斯学院。

图1.3　美国达特茅斯学院

之后，麦卡锡和明斯基搬到美国麻省理工学院（Massachusetts Institute of Technology, MIT），两人共同创建了世界上第一座人工智能实验室（MIT 计算机科学与人工智能实验室的前身）。图 1.4 所示为达特茅斯会议参会者 50 年后再聚首。

图1.4　达特茅斯会议参会者50年后再聚首

3. 人工智能的"三起两落"

（1）人工智能的第一次浪潮

达特茅斯会议之后，会议的与会者和业内专家都开始从学术角度对人工智能展开严肃而精专的研究，此后人工智能获得了井喷式的发展。从 1966 年到 1972 年，美国斯坦福国际研究所研制出移动机器人 Shakey；1966 年，美国麻省理工学院发明了一个可以和人对话的小程序 ELIZA；弗兰克·罗森布拉特（Frank Rosenblatt）的第一个神经网络感知机模型也是在这一时期发明的。人工智能走上了快速发展的道路，迎来了属于它的第一次崛起。这也让很多研究者看到了机器向人工智能发展的可能，研究者们当时在私下交流或者公开发表的论文中都表达出了非常乐观的情绪，认为能够替代人类的智能机器将在 20 年内出现。美国国防部高级研究计划署等政府机构也向这个新兴领域投入了大量资金。图 1.5 所示为 IBM 702：第一代人工智能研究者使用的计算机。

图1.5　IBM 702：第一代人工智能研究者使用的计算机

（2）人工智能的第一次低谷

好景不长，20 世纪 70 年代，人工智能陷入第一次低谷。由于研究者在人工智能的研究中对项目的难度预估错误，人工智能的发展开始面临各种技术瓶颈和难题，如计算机运算能力不足、计算的复杂性巨大、数据量的严重缺失等，人工智能开始遭受来自各方面的质疑。此前过于乐观的情绪让人们对其期望过高，当承诺无法兑现时，社会舆论带给人工智能研究的压力越来越大，很多研究经费被转移到其他项目上。1973年，英国应用数学家詹姆斯·莱特希尔（James Lighthill）针对英国人工智能的研究状况，对人工智能在实现"宏伟目标"上的失败进行了严肃批评，用"海市蜃楼"来表达对人工智能前景的悲观情绪。那段时间，人工智能遭受社会各界的"冷落"，并经历了长达 6 年的至暗时期。

（3）人工智能的第二次崛起

经历了挫折之后，人工智能的研究者们开始痛定思痛。1980 年，美国卡内基梅隆大学为数字设备公司（DEC）设计了一个名为 XCON 的"专家系统"。这是一个具有完整的专业知识和经验的计算机智能系统，可以简单地理解为"知识库+推理机"的组合，它能够运用计算机系统配置的知识，依据用户的订货，自动地选出最合适的系统部件，同时能够智能地指出哪些是用户没涉及但必须加入的部件。XCON 一问世就获得了巨大的成功，从 1980 年投入使用到 1986 年，XCON 一共处理了大约 8 万个订单，它到底为 DEC 公司省了多少钱，一直是业内的一个谜，其中一个说法是一年省了4 000 万美元。在那一时期，世界各地纷纷开始部署商业的专家系统。到 1985 年，各家公司在人工智能上的总投入超过 10 亿美元。人工智能再一次获得了发展的机会，迎来了第二次崛起。

1982 年，美国加州理工学院物理学家约翰·霍普菲尔德（John Hopfield）证明了一种新型的神经网络能够用一种全新的方式学习和处理信息，这就是 Hopfield 网络（见图 1.6），这对人工智能的发展再次起到了推进作用。1986 年，反向传播算法也得到了极大推广，时至今日，它依然是训练人工神经网络最常用且最有效的算法之一。

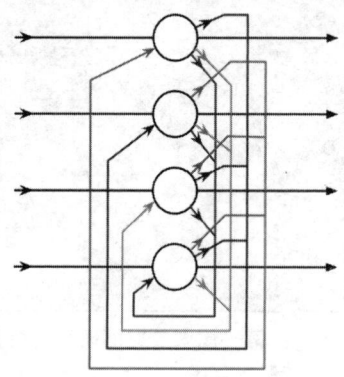

图1.6　Hopfield网络

（4）人工智能的第二次低谷

可悲的是，1987 年至 1993 年，人工智能再次陷入低谷。1987 年，人工智能硬件的市场需求突然下跌，而 Apple 公司和 IBM 公司生产的台式机性能不断提升，甚至超过了 Symbolics 等厂商生产的昂贵的 LISP 机。曾经大获成功的"专家系统"因维护费用居高不下而难以升级，知识获取和推理能力等方面陆续显现很多的不足，导致其难以使用，于是"专家系统"风光不再。20 世纪 90 年代，各机构开始大幅削减对人工智能的资助，甚至美国国防部高级研究计划署等政府机构的新任领导也认为，人工智能并非"下一个浪潮"，因此将资金转而投向更容易出成果的项目。

（5）人工智能的第三次崛起

自 1993 年至今，人工智能领域的研究专家发现，如果能让计算机自己学知识，而不是让专家设计出知识，就可以很好地解决知识获取问题。于是，"机器学习"的概念成为业界关注的焦点，各种机器学习的方法被应用在人工智能技术中，饱经挫折的人工智能又开始逐渐复苏。1997 年 5 月，IBM 的"深蓝"超级计算机（见图 1.7）战胜了国际象棋世界冠军卡斯帕罗夫（Kasparov）；2016 年 3 月，AlphaGo 击败了韩国围棋大师李世石；2017 年 5 月，AlphaGo 在中国乌镇围棋峰会的 3 局比赛中又击败了当时世界排名第一的中国棋手柯洁。这些事件拉开了人工智能的第三次浪潮，成为人工智能发展的重要里程碑。

图1.7　IBM的"深蓝"超级计算机

随着人类在人工智能各个领域上取得的突破性进展，以及"深度学习之父"在神经网络方向上取得的巨大成就，人类看到了机器赶超人类的希望。近几年，人工智能的发展已经达到了一个高潮，谷歌、微软、百度等互联网巨头公司，都纷纷加入人工智能产品的战场。随着技术的日趋成熟和大众的广泛接受，最先进的神经网络结构在一些领域的识别甚至已经超过了人类平均的准确率。人工智能伴随着机器学习和深度学习的飞速前进，迎来了全新的宏伟突破。

任务1.2　理解人工智能、机器学习和深度学习之间的关系

【任务描述】

通过人工智能、机器学习和深度学习的含义来理解三者间的相互关系，了解深度学习的发展历程。

【关键步骤】

（1）对机器学习、深度学习有初步的认识。

（2）理解人工智能、机器学习和深度学习三者之间的关系。

人工智能、机器学习和深度学习都是当前的热门词。它们之间到底是什么样的关系呢？

1. 人工智能

人工智能指的是可以执行人类智能特征任务的机器，这个概念涵盖的内容比较广泛。具体来说，人工智能包含理解语言、识别物体与声音、学习和解决问题等内容。

通常，我们可以把人工智能分成两类：一般人工智能和狭义人工智能。一般人工智能具备人类智能的所有特征。狭义人工智能只展示人类智能的某一方面，并且可以在这一方面做得非常好，但是在其他方面可能有所欠缺。例如，一台擅长识别图像的机器，除了识别图像外，它可能没有其他的智能，这就属于狭义人工智能。

对计算机来说，凭借着强大的计算能力与廉价的资源消耗，它可以轻松处理人类无法处理的庞大的计算任务。实际上科学家却发现，计算机面临真正的挑战，反而是那些对人类来说很容易，但是对计算机来说困难的问题。例如，难以使用逻辑指令规则来表达的任务（眼前有一只动物，要认识这种动物，对人类来说非常简单，但是对计算机来说是非常困难的）。这些任务需要计算机通过机器学习的方式来总结归纳算法才能实现。

机器学习使得一些计算机难以解决的问题变得相对容易，进而也推动了当时人工智能的发展。其实早在 1952 年，人工智能的概念还未被提及之前，IBM 的科学家塞缪尔开发的跳棋程序，就已经出现了"机器学习"的概念，该跳棋游戏中包含了一个隐含模型，随着棋局增多，这个模型可以记忆，甚至通过记忆和计算来为后续的对弈提供更好的指导。

然而在 21 世纪初期，机器学习的发展遇到了瓶颈，主要原因是机器学习的众多算法都基于统计学的浅层学习，无法有效地学习数据的深层特征，从而使得人工智能无法进一步突破，直到深度学习（deep learning，DL）的出现，它使得感知层的弱人工智能任务有了进一步突破，因而让人们看到了实现通用人工智能的希望之光。

2. 机器学习——实现人工智能的一种方式

机器学习，也被称为统计机器学习，是人工智能领域的一个子分支，机器学习的基本思想是基于数据构建统计模型，并利用构建好的模型对数据进行分析和预测。

我们知道，如果想让计算机执行某个任务，一般情况下会编写一段指令（这段指令是解决问题的方法的抽象），然后控制计算机按照指令一步步执行。机器学习则不需要编写特定指令来完成特定任务，而是通过定义一种"训练"算法的方式来让机器能够自己进行学习，"训练"涉及向算法提供大量数据并允许算法自我调整和改进。举一个例子，假如我们收集了上百万张动物图片，人类标记其中包含狗的图片，然后设计一个算法模型，让这个算法模型通过大量的狗的图片，积累狗的各种特征，形成对狗的逻辑推断规则，最后可以实现对未知图片进行狗的识别——这就是机器学习的过程。也就是说，机器学习的做法是用算法来解析数据，分析出数据中的潜在规律，一旦算法能足够全面地掌握这些规律，就能够对现实中符合这些规律的事件做出决策或预测。

机器学习起源于早期人工智能领域，它是实现人工智能的一个重要途径。机器学习在近几十年内，已经发展成一个多领域的交叉学科，涉及概率论、统计学、逼近论、凸分析、计算复杂性理论等。

机器学习还可以按实现方法的不同进行细分，具体包含监督学习（supervised learning）、无监督学习（unsupervised learning）、半监督学习、增强学习。

3. 深度学习——机器学习的众多实现方法之一

深度学习可以看成是机器学习的众多算法之一，它也被称为人工神经网络。由于受到制约的因素较多（如算法理论、算力、数据），多年前，人工神经网络一直是以单层或者浅层的网络结构而存在的，和其他更有效率的机器学习算法（逻辑回归、支持向量机等）相比并没有亮点，因此人工神经网络一直被掩埋在众多算法中。但是，随着时代的发展，计算机硬件性能与技术的提升，以及互联网与大数据的出现，使得人工神经网络重新受到研究者的重视，并且在网络算法方面也取得了巨大的突破。

人工神经网络的灵感来自大脑的结构和功能，是模拟生物大脑结构的算法。人工神经网络中的"神经元"之间互相连接，形成很多的层，每一层神经元都会找到一个需要学习的特征，例如图像识别中的曲线、边缘、颜色、纹理等，这些层的叠加赋予了模型深度学习特性，并随着层数的不断加深，模型也变得逐渐强大。

近十几年来，深度学习在理论上不断创新，尤其在商业场景应用中取得了良好的进展，因此人工智能由于现阶段深度学习的突破又一次进入黄金发展时期，甚至我们称其为"深度学习时代"也不为过。

讲到这里，你可能已经明白，人工智能、机器学习和深度学习三者之间有着千丝万缕的联系，甚至有些人将三者视为"等价"，这种观点虽然有所偏差，但也"情有可原"，毕竟人工智能又一次出现在大众眼中是由于深度学习的突破，而深度学习又脱离不开机器学习。

图 1.8 所示为人工智能、机器学习和深度学习三者之间的关系。最外面是人工智能，它包含机器学习，同时也包含更多其他人工智能的研究，中间是机器学习，而深度学习处于最内圈位置。总的来说，三者之间的关系可以理解为，机器学习是人工智能的一个分支，是人工智能的一种实现途径，深度学习又是机器学习的一种特殊的实现方法。

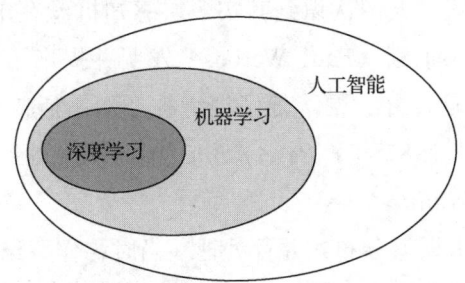

图1.8　人工智能、机器学习和深度学习三者之间的关系

任务 1.3　了解深度学习的发展与应用情况

【任务描述】

了解深度学习的发展历程，认识深度学习涉及的三个重要领域：计算机视觉、语音识别、自然语言处理，并了解深度学习在各领域的应用情况。

【关键步骤】

（1）了解深度学习的重要发展历程。

（2）了解深度学习在计算机视觉、语音识别、自然语言处理等领域的应用情况。

1.3.1　深度学习的发展

深度学习的概念起源于人工神经网络的研究。深度学习其实并不是一项新技术，它的出现可以追溯到 20 世纪人工智能诞生的时候。1943 年，美国心理学家沃伦·麦卡洛克和数理逻辑学家沃尔特·皮茨在合作的论文中提出并给出了人工神经网络的概念及人工神经元的数学模型，开创了人工神经网络研究的时代。然而，对人工神经网络更进一步的推动，是美国神经学家弗兰克·罗森布拉特提出的可以模拟人类感知能力的机器（感知机）。1957 年，在康奈尔航空实验室中，他在 IBM 704 上成功完成了感知机的仿真。两年后，他又成功实现了能够识别一些英文字母、基于感知机的神经计算机——Mark1，并于 1960 年 6 月 23 日向公众展示。这在当时引起了社会上的广泛关注，很多研究者都投入人工神经网络的研究中。就连美国军方也大力资助了对人工神经网络的研究，并一直持续到了 20 世纪 60 年代末。

感知机影响了人工智能的发展，但它也存在一定问题。1969 年，马文·明斯基和西摩尔·派普特（Seymour Papert）在 *Perceptrons* 一书中，仔细分析了以感知机为代表的单层神经网络系统的功能及局限，证明感知机不能解决简单的异或等线性不可分问题。这些误解和未及时地将感知机推广到多层神经网络上，导致人工神经网络的发展受到了巨大的影响，停滞不前，陷入低潮。

直到 20 世纪 80 年代，人们认识到其实多层感知机没有单层感知机固有的缺陷，而且同一时期，保罗·韦伯斯（Paul Werbos）发明并提出了反向传播算法，这种算法有效地解决了异或问题，并大幅降低了训练神经网络所需要的时间，这才让神经网络的发展得到了恢复。1987 年，*Perceptrons* 中的错误得到了校正，再版并更名为 *Perceptrons-Expanded Edition*。

在 20 世纪 80 年代中期，分布式并行处理（当时称作联结主义）流行起来。分布式并行处理的核心思想是，现实世界中的知识和概念应该通过多个神经元来表达，而模型中的每一个神经元应该参与多个概念的表达。分布式并行处理加强了模型的表达能力，让神经网络从宽度延伸走向深度拓展。

神经网络的这一次高速发展持续到了 20 世纪 90 年代中期。慢慢地，人们发现使用反向传播算法求解多层神经网络似乎也存在着一些约束：随着神经元节点的增加，训练所需的时间也越来越长；神经网络中的优化函数如果是一个非凸优化函数，就会找不到全局最优解；梯度消失和梯度爆炸的问题随着网络的加深也在深层网络中暴露出来。与此同时，一些效率与精度更高的机器学习算法也陆续出现了（如支持向量机），它们掩盖了神经网络的光芒，使得神经网络的发展速度又开始慢下来。

到 2010 年左右，随着科技的发展，以及图形处理器（graphics processing unit，GPU）的发展，计算机性能不断提高，算力已经不是神经网络发展的障碍。云计算、大数据、互联网、移动互联网的发展也足够成熟，海量的数据也成了神经网络的"燃料"，解决了神经网络发展中在数据量上的难题。科学家们开始不断探索，在 2012 年的 ImageNet 大规模视觉识别挑战（ImageNet large scale visual recognition challenge，ILSVRC）竞赛中，杰弗里·辛顿（Geoffrey Hinton）和他的学生亚历克斯·克里泽夫斯基（Alex Krizhevsky）赢得冠军，他们使用 AlexNet 算法，构建了一个多层卷积神经网络，使用 1000 个类别的 100 万张图片进行训练，取得了分类错误率 15% 的成绩，这个成绩比第二名低了 11%。要知道，在顶级的算法竞赛中，11% 是非常大的差距，这个成绩让深度学习备受关注。2012 年之后，深度学习的热度呈指数级上升，2013 年，深度学习被 MIT 评为年度十大科技突破之一。2018 年，"深度学习三巨头"——杨乐昆（Yann LeCun）、杰弗里·辛顿和约书亚·本吉奥（Yoshua Bengio）（见图 1.9）共同获得了计算机界的最高奖项——图灵奖。今天，深度学习已经拓展到了各个领域，不仅学术界在进行积极的研究，产业界也得到了蓬勃的发展。

图1.9　杨乐昆、杰弗里·辛顿和约书亚·本吉奥（从左到右）

1.3.2　深度学习的应用情况

随着现代科技的高速发展，深度学习已经推广到各个领域，我们可以非常方便地在互联网媒体平台上看到关于深度学习的科技信息。例如计算机视觉、图像识别、语音识别、自然语言处理、生物医疗、机器人、搜索引擎、推荐系统、保险金融等，它们都应用到了深度学习的技术。

下面详细介绍深度学习在计算机视觉、语音识别与自然语言处理等三个重要领域的应用。

1．计算机视觉

计算机视觉是一门研究机器如何替代人眼"看世界"的学科，具体地说就是用摄像机/摄像头和计算机代替人类的眼睛完成识别、跟踪、测量等工作。计算机视觉也可以通过图像处理技术将图片处理成适合人眼观察或者后续仪器检测的图像。计算机视觉是一门涉及人工智能、神经生物学、心理物理学、计算机科学、图像识别、模式识别等诸多领域的交叉学科。

如前文已经介绍过的，2012 年深度学习算法 AlexNet 在 ILSVRC 竞赛中取得冠军，这标志着深度学习在计算机视觉领域取得突破性进展，之后，深度学习便受到学术界广泛关注。由于深度学习技术的不断发展，计算机视觉在 ILSVRC 竞赛的成绩不断刷新纪录，最终错误率已经低于人类视觉。图 1.10 所示为历届 ILSVRC 竞赛冠军算法的图像分类错误率的情况。可以看出 2013 年之后，冠军算法基本上都是深度学习算法。通过对深度学习算法的研究，图像分类错误率基本以每年 4%的速度递减。到 2015 年，算法的图像分类错误率已经低于人工标注的图像分类错误率（人类视觉错误率为 5%），实现了计算机视觉领域的一个突破。这证明深度学习打破了传统机器学习算法在图像分类上的瓶颈。现在该比赛已经转向图像识别领域，因为再继续举办这样的比赛已经没有太大意义。

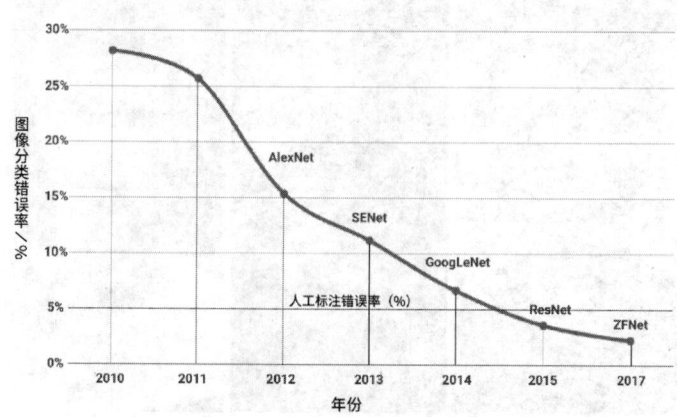

图1.10　历届ILSVRC竞赛冠军算法的图像分类错误率

　　同时，在计算机视觉领域中也细分了众多技术方向，例如目标检测（见图1.11）、语义分割、人脸技术、光学字符识别、三维重建、视觉搜索等。每个技术方向同样对应了很多商业场景，常见的情景如：光学字符识别是卡片信息识别、文本识别、车牌识别等的重要技术支撑，人脸技术是安全验证、门禁系统、美颜相机等的技术支撑，以及目标检测、目标感知技术等为无人驾驶奠定了技术基础。

图1.11　目标检测网络框架YOLO示例

　　其中，很多细分的技术利用机器学习的方法也可以实现，然而其效果却远不如深度学习。例如，对于人脸识别技术来说，传统的机器学习技术虽然也可以实现模型，但不能很好地满足人脸识别技术的高精度的要求，不同的人脸、不同的光照环境、不同的表情都是人脸识别技术面临的挑战，机器学习算法很难从复杂的人脸图像中提取足够有效的特征去代表不同的人脸以及同一人脸在不同环境中的变化。而深度学习技术利用大量人脸图像数据进行神经网络的训练，能更加有效地学习到不同人脸的特征表达，从而使得模型的识别能力和泛化能力都有很大的提高。

　　光学字符识别（optical character recognition，OCR）在计算机视觉领域也是应用非常广泛的技术。该技术是指使用计算机程序对图片中的字符进行检测和识别，这些字符包含数字、字母、汉字、符号等，通过该技术可以将图片上的字符识别为计算机所表达、处理的文本格式。在我国，有一些基础教育公司把 OCR 技术用在产品中去识别教材上的公式、符号，也有一些与车辆相关的公司将 OCR 技术用在对车牌的识别上，还有一些公司将 OCR 技术用在对卡证的识别上。

2.　语音识别

语音识别涉及数字信号处理、语言学、统计学、声学等学科。近年来，随着人工智能的兴起，语音识别在理论和应用方面都取得重大突破。现在语音识别已经应用到许多领域，主要包括语音助手、智能音箱、语音识别听写器、答疑平台、智能导购等。语音识别其实是一种基于语音特征参数的模式识别，通过训练，系统能够把输入的语音按一定模式进行分类，进而依据判定准则找出最佳匹配结果。

语音识别的正式发展可以追溯到 1970 年，当时语音识别主要集中在小词汇量、孤立词识别方面，使用的方法也主要是简单的模板匹配方法，即首先提取语音信号的特征，构建参数模板，然后将测试语音与参考模板参数进行比较和匹配，将距离最近的样本所对应的词标注为该语音信号的发音。该方法对解决孤立词识别是有效的，但对于大词汇量、非特定人的连续语音识别就无能为力了。

统计语言学的出现使得语音识别如获新生。采用统计学的方法，IBM 公司将当时的语音识别率提升到了 90%，语音识别的规模从数百词上升到了数万词的级别，从此语音识别有了从实验室走向应用的可能。1980 年以后，语音识别研究的重点则逐渐转向大词汇量、非特定人的连续语音识别。1990 年以后，在语音识别的系统框架方面没有再出现什么重大突破，它在很长一段时间内发展比较缓慢，错误率一直没有明显下降，直到大数据与深度神经网络（deep neural networks，DNN）时代的到来。

2009 年以后，深度学习在语音识别领域取得了瞩目的成绩。辛顿将 DNN 应用于语音的声学建模，在 TIMIT 数据集上获得了当时最好的结果。2011 年年底，微软研究院的俞栋、邓力又把 DNN 应用于大词汇量的连续语音识别任务上，大大降低了语音识别错误率。从此，语音识别进入基于深度学习的时代，这种非常有潜力的发展引起了业界关注。从 2010 年开始，工业界所生产的语音相关产品基本都基于深度学习的方法。2015 年以后，由于"端到端"技术的兴起，语音识别进入了"百花齐放"的时代。2017 年，微软公司在 Switchboard 上的词错误率降低到 5.1%，从而让语音识别的准确率首次超越了人类。

当然，当前的技术还存在很多不足，如对于强噪声、超远场、强干扰、多语种、大词汇等场景下的语音识别效果还有待提升。另外，多人语音识别和离线语音识别也是当前需要重点解决的问题。即便是这样，基于深度学习的语音识别已经被应用到了各个领域，包括名噪一时的 Siri 智能语音系统、安卓平台上的谷歌语音搜索，以及很多家庭都已经拥有的智能音箱。

3. 自然语言处理

自然语言处理（natural language processing，NLP）是计算机科学领域与人工智能领域的一个重要研究方向,旨在研究人机之间用自然语言进行有效通信的理论和方法。实现自然语言与计算机进行通信，有着十分重要的实际应用意义和理论意义。由于理解自然语言需要积累大量关于外在世界的广泛知识，以及具有运用这些知识的能力，因此对 NLP 的研究是充满魅力与挑战的。

我们从算法上可以将 NLP 梳理成以下两类模型。

一类是基于概率图方法的模型，包括贝叶斯网络、马尔可夫链、隐马尔可夫模型、最大期望算法、条件随机场、最大熵模型等。在深度学习兴起之前，NLP 的基本理论算法模型都是靠这些传统的机器学习算法支撑起来的。

另一类就是基于深度学习的方法。对于 NLP 的研究来说，字可以组成词语，词语可以组成句子，句子可以再构成段落、篇章和文档。但是计算机并不认识这些字或词语，所以我们需要对以字或词汇为代表的自然语言进行数学上的表征。简单来说，就是将词汇转化为计算机可识别的数值形式。然而在自然语言领域，一个非常棘手的问题是在自然语言中有很多词语表达的意思很相近，如"终生"和"一辈子"表达的意思基本相同，但是它们在计算机中的编码差别可能很大，因而计算机可能很难准确地把握其自然语言表达的语义。基于深层神经网络的深度学习方法改变了 NLP 技术的面貌，把 NLP 问题的定义和求解从离散的符号域搬到了连续的数值域，导致整个问题的定义和所使用的数学工具与以前完全不同，基于深度学习的词嵌入（词向量）技术极大地促进了 NLP 研究的发展。

近些年，NLP 技术已经被广泛应用到社会上的各个领域。例如，在搜索引擎中，在搜索关键词的时候，搜索引擎除了给我们一系列相关的网页以外，还会直接给出一个具体的答案，这就用到了 NLP 的问答技术；在金融领域，NLP 可以为证券投资提供各种分析数据，如热点挖掘、舆情分析等，还可以进行金融风险分析、欺诈识别等；在法律领域，NLP 可以帮助用户进行案例搜索、判决预测、法律文书自动生成、法律文本翻译、智能问答等；在医疗健康领域，NLP 技术更是有着广阔的应用前景，如病历的辅助录入、医学资料的检索和分析、辅助诊断等。现代医学资料浩如烟海，新的医学手段、方法发展迅猛，没有任何医生和专家能够掌握所有的医学发展的动态。NLP 可以帮助医生快速、准确地找到各种疑难病症的最新研究进展，使得病人更快地享受医学技术进步带来的成果。

本章小结

➤ 人工智能的起源较早，但发展比较曲折，从人工智能诞生开始，它经历了"三起两落"的历史阶段。

➤ 人工智能与机器学习、深度学习之间关系非常紧密，机器学习是人工智能的一个分支，是人工智能的一种实现途径，深度学习又是机器学习的一种特殊的实现方法。

➤ 深度学习的概念起源于人工神经网络的研究，随着硬件算力的提升和数据量的增长，深度学习目前正处于蓬勃发展的阶段。

➤ 深度学习被应用到计算机视觉、语音识别、自然语言处理等众多的领域。

本章习题

简答题

（1）简述人工智能的发展历程。

（2）简述人工智能、机器学习和深度学习之间的关系。

（3）简述深度学习的行业应用，并举几个例子。

第 2 章

Keras 与环境配置

技能目标

➤ 掌握深度学习开发环境的配置。

➤ 认识深度学习主流框架的特点。

➤ 了解 Keras 的基本用法。

本章任务

通过学习本章，读者需要完成以下两个任务。读者在学习过程中遇到的问题，可以通过访问课工场官网解决。

任务 **2.1** 配置深度学习开发环境。

任务 **2.2** 快速入门 **Keras**。

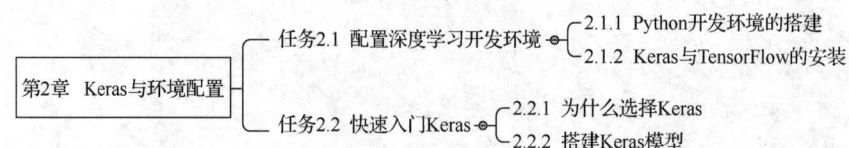

其实不依赖于第三方库,使用计算机语言完全可以实现机器学习和深度学习的算法以及模型的创建和训练,但是在现实应用中,如果每一个任务都用原生 Python 或 C 语言去编写,效率就太低了。近年来,随着深度学习在图像领域的突破,各种深度学习库如雨后春笋般冒出来。不同的库有着不同的特点,但使用这些库无疑提高了实现神经网络的效率。

我们选择 Keras 作为本书的深度学习库。本章主要讲解 Keras 的特点和具体使用方法,并且教会读者如何配置深度学习开发环境。

任务 2.1 配置深度学习开发环境

【任务描述】

本任务需要掌握 Python 开发环境的配置,在此基础上学会配置 Keras、TensorFlow 等深度学习库。

【关键步骤】

(1)掌握 Anaconda 平台的安装及使用。

(2)掌握 Keras 的安装方法。

(3)掌握 TensorFlow 2.0 的安装方法。

(4)了解 TensorFlow 2.0 GPU 的安装方法。

2.1.1 Python 开发环境的搭建

想必学习到深度学习的时候,你之前肯定已经了解过 Python 了,如果想要开发 Python 程序,最普通的安装方式就是访问 Python 官方网站(网址参见本书电子资料),下载与自己操作系统对应的版本进行安装。

目前主流的操作系统有 Windows、macOS、Linux。Windows 默认没有安装 Python,需要手动安装;其余两个系统默认装有 Python,但是版本可能与用户需求有所区别。下面我们主要讲解在 Windows 平台下 Python 开发环境的配置方法。

我们极力推荐使用 Anaconda 科学计算平台。通过该平台,用户可以更加便捷地管理 Python、集成开发环境(integrated development environment,IDE)、科学计算包。Anaconda 中可以创建多个虚拟环境,每个虚拟环境互相独立,可以拥有特定版本的 Python 及软件工具。这个特点可以防止很多复杂环境产生未知 bug。

1. Anaconda 简介

简单来说，Anaconda 通过一个简洁、精致的程序包给我们提供了数据科学的常用工具。使用 Anaconda 管理工具包、开发环境、Python 版本，大大简化了工作流程，不仅可以方便地安装、更新、卸载工具包，而且能自动安装相应的依赖包，还能使用不同的虚拟环境隔离需求不同的项目。

Anaconda 官网有这样的一个描述：Anaconda 拥有 1500 万用户，是全球最受欢迎的数据科学平台，也是现代机器学习的基础。Anaconda 可以快速、大规模地提供数据科学和机器学习，从而释放客户的数据科学和机器学习计划的全部潜力。它提供了数百个与数据科学相关的开源包，在数据可视化、机器学习、深度学习等方面都有应用，可以应用在数据分析、大数据、人工智能等领域。

2. 安装 Anaconda

（1）访问 Anaconda 的官方网站，选择适合自己操作系统的对应版本下载，如图 2.1 所示。

图2.1　Anaconda下载选项

（2）下载完成之后，执行安装程序，根据提示进行安装。需要注意的是，在安装选项中请勾选图 2.2 所示的 "Add Anaconda to my PATH environment variable" 复选框，将 Anaconda 的环境配置添加到系统环境变量，其余选项保持默认设置。

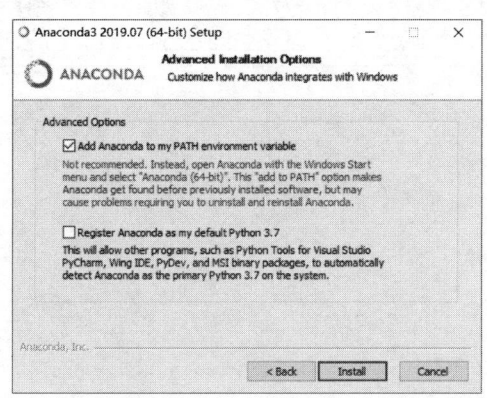

图2.2　Anaconda安装选项

如果没有勾选"Add Anaconda to my PATH environment variable"复选框，那么需要找到 Anaconda 的实际安装路径，将其手动添加到用户环境变量 PATH 中。图 2.3 所示为 Windows 10 操作系统中环境变量添加示意。

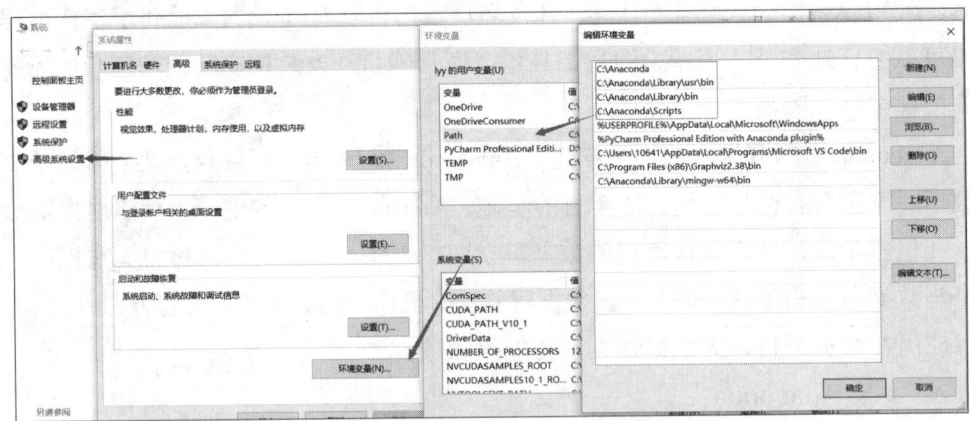

图2.3　Windows 10操作系统中环境变量添加示意

（3）完成以上步骤后，测试 Anaconda 是否安装成功。在"开始"菜单中，搜索并打开"Anaconda Prompt"。在 Anaconda 提示符终端输入 conda --version，按 Enter 键之后可以看到显示信息，包含 conda 版本号，如图 2.4 所示。

```
(base) C:\Users        conda --version
conda 4.7.10
```

图2.4　Anaconda安装成功

测试安装成功后，还可以在"开始"菜单中寻找 Anaconda Navigator 程序，该程序为 Anaconda 用户图形界面，通过交互可以安装用户需要的软件包、IDE 等工具，如图 2.5 所示。本书对 Anaconda 的介绍到此为止，关于 Anaconda 的使用与管理读者可以自行学习。

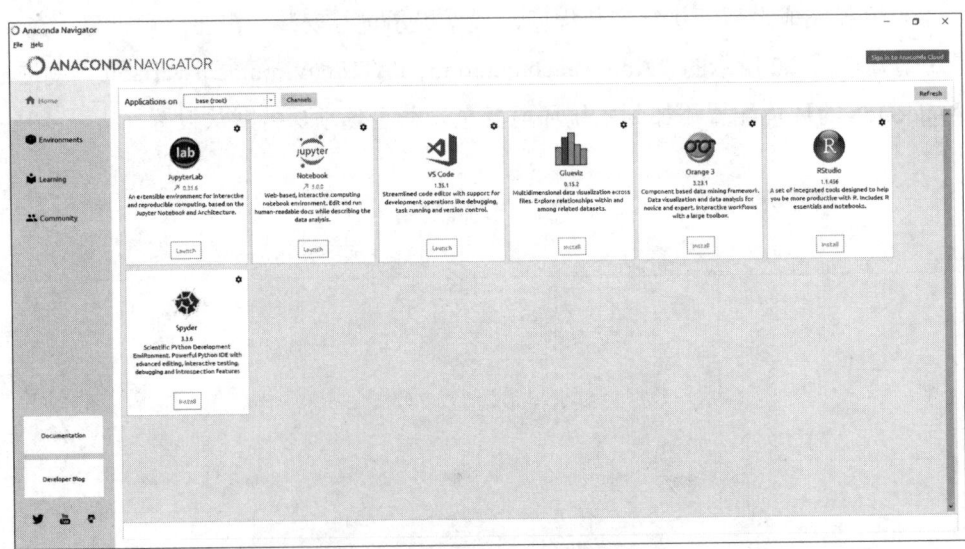

图2.5　Anaconda用户图形界面

2.1.2　Keras 与 TensorFlow 的安装

配置开发环境是十分复杂的环节，为了照顾大部分初学者，节省学习时间，避免配置环境时出现令人困扰的程序安装包兼容问题，本书推荐按照课程所提供的"环境安装包"，方便快速地进行开发环境的搭建。打开 Anaconda 的终端，依次执行如下命令。

```
conda create -n tf_2.0
conda activate tf_2.0
conda env update -f requirement.yaml
jupyter notebook
```

上面的命令全部顺利执行后，即可完成本书所需全部安装包和环境的配置，无须再安装任何其他开发包，具体方式详见配套电子资料。

本小节对 Keras、TensorFlow 等相关开发包进行简单介绍，供希望了解安装环境配置和开发包的读者参考学习。Keras 是对 TensorFlow 的高级封装，理解起来非常简单、方便、快捷，虽然 Keras 的自定义程度没有 TensorFlow 高，但很适合刚刚接触深度学习或者希望快速搭建深度学习模型的用户使用。需要注意的是，TensorFlow 也可以作为前端来使用，只是其语法与规则更复杂一些。

1. TensorFlow 的安装

在安装 Keras 之前，需要安装后端引擎，引擎是电子平台上开发程序或系统的核心组件，类似于一个强大的"核心部件工具包"。利用引擎，开发者可迅速开发、实现程序的功能，辅助程序的运转。Keras 能够使用的后端引擎有 TensorFlow、Theano 或者 CNTK，在这里我们推荐 TensorFlow。TensorFlow 支持 Python、Java、Go、C 等多种编程语言，以及 Windows、macOS、Linux 等多种操作系统。

（1）使用 Anaconda 自带的 Conda 包管理器建立一个 Conda 虚拟环境，并进入该虚拟环境。首先在"开始"菜单打开"Anaconda Prompt"终端，在命令行下输入：

```
conda create --name tf_2.0 python=3.8.13
#"tf_2.0"是建立的 Conda 虚拟环境的名字
```

接着按照提示执行：

```
conda activate tf_2.0  #激活新创建的环境
```

（2）使用 Anaconda 安装 Tensorflow，输入如下命令：

```
conda install tensorflow-gpu==2.4.3 -n tf_2.0
```

通过上面两个步骤可以完成 TensorFlow 的安装。

2. TensorFlow GPU 版本的安装方法

TensorFlow GPU 版本可以利用 NVIDIA GPU 强大的计算加速能力，使 TensorFlow

的运行更为高效，尤其是可以成倍提升模型训练的速度。在安装 TensorFlow GPU 版本前，需要有一块版本不太老的 NVIDIA 显卡，如果显卡的显存在 2GB 以内，暂时可以使用 CPU 版本进行试验。除此之外，还需要正确安装 NVIDIA 显卡驱动程序、CUDA Toolkit 和 cuDNN。

TensorFlow 对 NVIDIA 显卡的支持较为完备。对于 NVIDIA 显卡，要求其 CUDA Toolkit 版本不低于 3.0，可以到 NVIDIA 官方网站查询自己所用显卡的 CUDA Compute Capability。

在 Windows 操作系统中，如果具有 NVIDIA 显卡，则往往已经自动安装了 NVIDIA 显卡驱动程序，如果未安装或者驱动程序版本过老，可以直接访问 NVIDIA 官方网站下载并安装对应型号的最新公版驱动程序。NVIDIA 显卡驱动程序安装完成后，可以在命令行下使用 nvidia-smi 命令检查是否安装成功，若安装成功则会输出当前操作系统安装的 NVIDIA 显卡驱动信息，如图 2.6 所示。

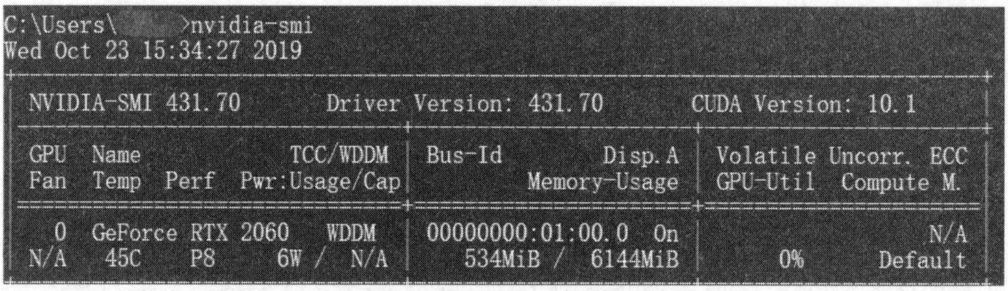

图2.6　NVIDIA驱动程序安装成功显示界面

在安装完驱动程序后，还需要安装 CUDA Toolkit 和 cuDNN，在 Anaconda 环境下，推荐使用：

```
conda install cudatoolkit=X.X  #选择与 TensorFlow 版本对应的 CUDA 版本
conda install cudnn=X.X.X  #选择与 TensorFlow 版本对应的 cuDNN 版本
```

当然，也可以按照 TensorFlow 官方网站上的说明手动下载 CUDA Toolkit 和 cuDNN 并安装，不过过程稍烦琐。如果对版本没有要求，可以直接使用 conda install tensorflow-gpu 进行 TensorFlow 安装，在安装完驱动程序的前提下，会自动安装所有依赖包。

安装完毕后编写简单的程序进行测试，代码如下：

```
#导入 TensorFlow，如果报错，绝大部分原因是 GPU 下 CUDA 与 tf 版本不对应导致，这时
#需要重新安装
import tensorflow as tf
a = tf.constant([1, 2])
b = tf.constant([3, 4])
print(a+b)
```

如果最后输出 tf.Tensor([4 6], shape=(2,), dtype=int32)，则说明 TensorFlow 已经安装成功。上例使用 TensorFlow 2.0.0，若使用 TensorFlow 1.*x*，则需要定义 tf.Session() 进行计算。

3．Keras 的安装

安装完 TensorFlow 之后，它就可以作为 Keras 的后端引擎了，接下来可以非常便捷地安装并使用 Keras。我们推荐使用 PyPI 安装 Keras，输入如下命令：

```
pip install keras
```

或者使用 conda 安装，输入如下命令：

```
conda install keras
```

默认情况下，Keras 将使用 TensorFlow 作为其张量操作库。但是也可以配置其他 Keras 后端。Keras 使用 CPU 与 GPU 的方式是根据后端引擎决定的，如果用户安装的是 TensorFlow GPU 版本，那么使用 Keras 实现神经网络时也是自动使用 GPU 进行加速计算。

任务 2.2　快速入门 Keras

【任务描述】

本任务需要了解选择 Keras 作为深度学习库的原因，理解 Keras 与主流深度学习库的差异。

【关键步骤】

（1）了解为什么选择使用 Keras。

（2）了解主流深度学习库。

（3）掌握快速使用 Keras 的方法。

2.2.1　为什么选择 Keras

Keras 官方文档中是这样描述的：Keras 是一个用 Python 编写的高级神经网络应用程序接口（application programming interface，API），它能够以 TensorFlow、CNTK、Theano 作为后端运行。Keras 更关注快速实验的实现，能够帮助用户以最短的时间把想法通过实验得到结果，就像 Python 快速实现原型在现场做验证一样，这也是做好研究的关键。

1．Keras 的特点

➢ 用户友好：Keras 的 API 更容易理解，它非常注重用户体验。它提供简洁、有规律的 API，减少了用户编码量，并在程序产生 bug 时提供清晰的反馈。

➢ 模块化：Keras 可以将神经网络部件模块化。这些模块能够非常方便地组装在一起，特别是神经网络层、损失函数、优化器、初始化方法、激活函数、正则化方法，它们都可以结合起来构建为新的神经网络模块。

➢ 易扩展性：可以容易地添加新模块。由于能够轻松地创建可以提高表现力的新模块，Keras 更加适合高级研究和探索新模型。

➢ 基于 Python 实现：Keras 没有特定格式的单独配置文件。模型定义在 Python 代码中，这些代码紧凑，并且易于调试和扩展。

2. Keras 的优势

现在主流的深度学习框架包含两个，一个是 TensorFlow，另一个是 PyTorch。TensorFlow 在功能上与 PyTorch 不相上下，在产业界 TensorFlow 是主导框架，但是 PyTorch 在研究领域占据优势。那么为什么我们选择使用 Keras 进行实验呢？一个很重要的原因就是 Keras 是基于 TensorFlow 的高级封装，而 Keras 实现起来更为简洁，我们的目标是通过少量的代码就能够解释清楚深度学习的基础知识，而 Keras 简洁的设计既能让我们很容易上手学习，又能迅速地在实际项目中使用，恰好符合我们的需求。

为了学习使用，我们没有必要将主流框架一分高低，我们只需要查看当下的文档，实现几次自己的模型，喜欢哪个、哪个方便就先学习哪个。

2.2.2 搭建 Keras 模型

安装配置好 Keras 后，我们可以尝试搭建一个 Keras 模型的 hello world 程序。

首先导入 Keras 中一个常见的模型——Sequential 顺序模型：

```
from keras.models import Sequential
```

接着导入网络层 Dense 对象，这个对象是全连接层的实现，在后续的章节中，会详细介绍与全连接相关的知识。

```
from keras.layers import Dense
```

下面来搭建一个全连接神经网络模型。

```
model = Sequential()      #创建顺序模型对象
model.add(Dense(64, activation = 'relu', input_shape=(64,)))
#添加一个含有 64 个神经网络单元的全连接层到模型中，并且指定输入数据的维度
model.add(Dense(64, activation = 'relu'))   #再添加另外一个全连接层
model.add(Dense(10, activation = 'softmax'))
model.summary()
```

#添加一个含有 10 个输出单元且使用 softmax 为激活函数的全连接层，其中，activation 用于设置网络层的激活函数。

以上便创建了一个具有 1 个输入层、1 个隐藏层和 1 个输出层的三层神经网络。

这个神经网络模型到底是如何工作的，下面我们逐步学习。

本章小结

> ➢ Keras 是基于 TensorFlow 的高级封装，Keras 实现起来更为简洁、易懂。
> ➢ 熟练配置深度学习的开发环境，安装 Python、Anaconda，并搭建 Keras 的运行环境。
> ➢ 了解 Keras 快速搭建网络模型的方式。

本章习题

简答题

（1）深度学习的开发框架包括哪些？Keras 有哪些优点？

（2）如何在本机配置深度学习的开发环境。

## 第 3 章

机器学习基础

技能目标

➤ 了解机器学习的基本思想。

➤ 理解回归与分类的概念。

➤ 理解 Softmax 函数。

➤ 理解损失函数且重点掌握交叉熵损失函数。

➤ 掌握梯度下降算法。

本章任务

通过学习本章，读者需要完成以下 5 个任务。读者在学习过程中遇到的问题，可以通过访问课工场官网解决。

任务 **3.1** 了解机器学习。

任务 **3.2** 理解回归与分类。

任务 **3.3** 理解什么是损失函数。

任务 **3.4** 掌握梯度下降算法。

任务 **3.5** 了解机器学习的通用工作流程。

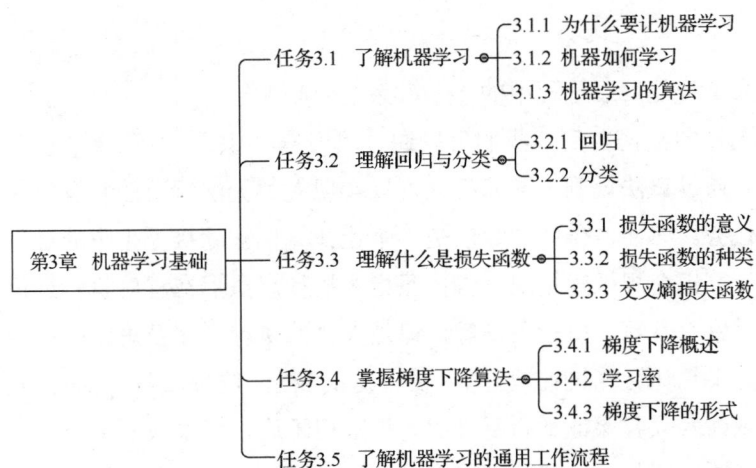

机器学习是人工智能的一个分支，是人工智能的一种实现途径，而深度学习又是机器学习的一种特殊的实现方法。所以，在研究深度学习之前，我们先来了解一下机器学习中的一些相关的思想和概念，从而能够更好地理解深度学习。本章主要讲解与机器学习相关的概念、知识及工作流程，为后面的深度学习知识打下牢固的基础。

任务 3.1　了解机器学习

【任务描述】

什么是机器学习？为什么要让机器进行学习，到底如何让机器进行学习？

本任务要求理解机器学习的意义，体会机器学习的思想，了解机器学习中的算法分类。

【关键步骤】

（1）了解机器学习的产生。

（2）理解机器学习的核心思想。

（3）了解机器学习的算法分类。

3.1.1　为什么要让机器学习

机器学习是近几年非常热门的词语，我们在了解深度学习之前，先来了解一下机器学习的概念。

我们先来思考一个问题，人类为什么要学习？通过学习，人类可以掌握更多的技术和知识，熟悉各种工具的使用，可以不断地提高自身解决问题的能力，只有这样才能够完成一些复杂的工作。但即便如此，我们还是觉得不够，因为当数据量、计算量和逻辑复杂程度超过人类大脑的承受范围时，大脑便不够用了。于是，我们开始寄希望于机器。

还记得人工智能发展过程中的"专家系统"吗？

当获得大量的数据之后，我们可以通过"专家知识"+"逻辑推理"设计对应的"算法规则"。通过算法规则，计算机就可以实现人类无法解决的具有复杂规则或者庞大计算量的任务。然而，传统的算法是一个让计算机被动接受指令的过程，程序员赋予它指令，计算机会规规矩矩地严格按照指令执行。虽然在程序执行过程中，我们可以更改一些对象、参数、执行条件等，但是大体的执行顺序及思路是已经确定的。这也就意味着如果想让计算机处理更多、更广泛的应用，它需要执行的规则也越来越多，而一条新的规则必须要保证不和所有的老规则相矛盾，就像政府某个部门要出台一条新的规定，必须保证其他的部门没有出现过"类似但与之相矛盾"的规定。当规则累积到成千上万条时，系统处理就会变得极其复杂，即使是运行速度很快的计算机，执行时间也会变得十分漫长。

于是我们重新回到"人为什么学习"的问题上，既然人通过学习可以变得越来越聪明，那么如果机器也可以学习，是不是也可以处理如上面描述的复杂问题呢？

我们开始让机器自己通过大量的数据寻找规则，让机器不停地训练提升、自我完善，与此同时，机器有足够大的存储空间，不会出现"脑容量不足""情绪问题"，它不需要吃饭、睡觉，更有比人类快一万倍的运行和处理速度，按这个理论推断下去，一旦机器"学会"处理复杂问题的规则，就可以帮助我们快速地处理一些更大规模的、计算量惊人的、时间成本比较高的任务。

这就是要让机器进行学习的原因。

机器学习能够赋予机器学习的能力，让机器完成直接使用编程无法解决的问题。从实践的意义上说，机器学习是一种通过利用大量的数据，找到符合数据特征规则的模型，然后利用模型进行预测的方法。

3.1.2 机器如何学习

无论是深度学习还是机器学习，它们共同的目的都是"设法"让计算机从数据中"学习"到一些知识，从而能够让计算机"智能"地对未知的事物做出预测和判断。然而，到底如何让计算机进行自主"学习"呢？

我们继续换个角度来思考——人是怎么进行学习的？

人类能将接触过的信息存储在大脑里，并在大脑中提炼对事物的认知经验，当再遇到类似的情况时，我们就可以根据已有的经验对事物进行判断和预测。对应的，计算机也有存储功能，它也可以对指定的数据进行存储，当希望计算机学习某些知识的时候，我们也会提供给计算机大量的数据，同时还会给定计算机一些基础的算法模型，让计算机根据大量训练数据的特性，自己去调整模型中一些相关的参数。这些参数的价值如同人类经验的价值，最终在计算机中形成一个最佳的"学习模型"。有了"学习模型"，计算机就可以利用其实现对未知的相关事物的预测。

例如，创建一个垃圾邮件分类器，机器学习的做法是，开始时不设计评判标准，而是给出大量的垃圾邮件样本，让机器自身对垃圾邮件的特征（评判标准的依据）进行统计、归纳和分析，最终得到分类器。分类器就是机器通过学习得到的模型，利用模型就可以对新的邮件进行"垃圾邮件"的识别。

在深度学习领域，神经网络的研究同样是基于"模型搭建"和"调整参数"的思想。大脑可以通过百亿神经元之间的相互刺激进行决策，但是计算机没有这些"先进"的结构，因此我们可以用数学的手段去模拟一些类似于神经元的结构。假设我们使用很多数学函数表达式来模拟神经元的决策过程，把前面提到的参数放入函数表达式中，计算机就能够像生物一般根据经验（参数）和新的事物（输入）来预测（计算）一些结果。

3.1.3　机器学习的算法

机器学习模型的建立需要依靠经典的算法，这些算法根据其特点可以分为几种，最常见的包括监督学习、无监督学习、半监督学习和强化学习。

1．监督学习

监督学习是指根据自己收集或者被提供的训练数据选择合适的算法进行训练，直到训练的模型收敛；然后再把新的输入数据放入模型，模型就可以根据新输入数据的特征信息，预测出一个符合这种特征的结果。监督学习与其他学习方法最显著的区别是，它的训练集要求包括输入和输出，也可以说是包括特征和人工标记好的标签，所以在深度学习成为主流之前，监督学习大量的工作是在进行特征的提取，特征工程是传统机器学习的一个重要步骤。例如，对一个片区内的房价进行预测。我们收集数据时，不仅要收集该片区房子样本的位置、面积、朝向等，同时也要标记它对应的价格。然后尝试找到价格与位置、面积等相关参数的对应关系，即训练模型。当该模型已经可以拟合大部分样本数据，并达到算法的评估标准时，我们就可以利用该模型，根据房子的面积、位置、朝向等来预测房价。在机器学习中，回归算法与分类算法解决的大部分问题都属于监督学习领域的问题。常见的监督学习的算法模型有：线性回归、逻辑回归、决策树、支持向量机、朴素贝叶斯、K-近邻值等。

2．无监督学习

无监督学习与监督学习恰好相反，它训练的数据样本没有进行人工标注。也就是说，它是在没有标签的原始数据集上进行深入分析，找到数据的潜在规律。例如，对一批电信用户数据进行分类，分类的具体条件我们并不知道，但通过数据的共同特征进行分类，最终可以从结果类中分析出哪一类用户更可能对新业务感兴趣。无监督学习算法就是机器仅通过输入的数据，在没有外界监督的情况下，自己发现有意义的数据的算法。在机器学习中，聚类算法、降维算法解决的问题属于无监督学习领域的问题。

3．半监督学习

半监督学习介于监督学习与无监督学习之间。半监督学习在训练阶段使用了大量无标签的数据和少量有标签的数据，最终也能达到与监督学习旗鼓相当的效果，甚至比监督学习的效果更好一些。因为隐藏在半监督学习下的基本规律在于：真实数据的分布很可能不是完全随机的，通过一些有标签的数据的局部特征和一些无标签的数据的整体分布，就可以得到更加符合实际情况的、表现更加良好的分类效果。半监督学习还可以分为半监督分类、半监督回归、半监督聚类、半监督降维等。

4．强化学习

强化学习，也称为增强学习或再励学习，是用于描述和解决智能体在与环境交互过程中，通过学习策略不断调整自身，以达成回报最大化或者实现特定目标的问题。深度学习模型可以在强化学习中得到使用，形成深度强化学习。强化学习在信息论、博弈论、自动控制等领域会有更多的讨论。

无论是哪类算法，在整个机器学习与深度学习中，回归（regression）与分类（classification）是非常基础也是非常重要的概念。本章将会详细讲解这两种概念，同时在后续的学习中，回归与分类这两个名词将会被频繁地提及。

任务 3.2　理解回归与分类

【任务描述】

回归与分类是解决问题的抽象方法。回归和分类是机器学习中的两大类问题，在解决机器学习或深度学习的问题时，多数问题都能够将其抽象为回归或分类问题，接着再用相应的回归算法、分类算法去计算。

【关键步骤】

（1）对回归有初步的认识，理解回归的含义。

（2）对分类有初步的认识，理解分类的含义。

3.2.1　回归

在数据科学中，回归分析是一种预测性的建模技术，它研究的是自变量和因变量之间的关系，这种技术通常用于预测分析。在机器学习中，按照自变量和因变量之间的关系类型，可以将回归分为线性回归和非线性回归。而在深度学习中，线性回归其实可以看成是简单的单层神经网络。

1. 线性回归

在机器学习领域，回归是一种求解方法，或者说是"机器学习""深度学习"中特指"学习"的方法。简单来说，回归就是一个"由果索因"的过程，是一种归纳的思想。当输入的自变量发生变化时，输出的因变量也会随之发生变化，我们通过观察大量样本的现实状态，推断状态呈现的原因或者分析样本之间蕴含的关系，根据这些关系得出确切的规则模型，这样就可以用来预测新样本数据对应的结果。

从数学的角度可以这样理解：假设在二维坐标系中分布了一系列的点，即我们收集到的一组特征数据集（见图 3.1），为了能够预测新的数据所在位置，我们希望能够找到一个模型，按照模型的规则能够根据点的 x 坐标值预测新数据点的 y 坐标值，从而完成对新数据的预测。于是，我们对数据进行直观观察，发现这一组已知点的分布趋向于一条直线，而这条直线可以理解成在二维空间上，一个一元一次方程（$y = wx + b$）的几何图像，其中 x 是自变量，y 是因变量，随着 x 的增大，大多数坐标的 y 都在增大，虽然不是所有的点都准确地落在这条直线上，但这条直线基本上可以描述整体数据集的大致走向，所以我们把这条直线定义为数据的模型。现在我们要寻找一种计算方法，可以求解出这个直线方程的系数 w 和 b。我们把这个求解直线方程的过程叫作回归分析的过程，也称为一元回归模型的训练过程。当确定了这个直线方程的系数 w 和 b 后，我们就可以根据给定的 x，预测出对应的坐标位置，即找到了 y 值。尽管这个 y 值可能与真实的 y 值有一定差距，但是这已经是计算机根据提供的数据经过一番学习，能够预测出的最贴近真实值的结果。

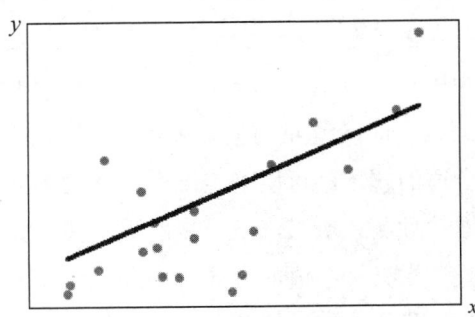

图3.1　线性回归示例

上面的例子只有一个自变量，所以称为一元回归模型，如果有多个自变量，那么我们就称这个模型为多元回归模型。

例如，前面所说的描述房子面积、位置、朝向（多个自变量）与房价的关系，这就是典型的多元线性回归模型。同样，如果给定房子面积、位置、朝向，利用最后得到的多元回归模型，就可以得出对应的预测房价，这个结果不一定百分之百准确，但是它基本符合样本（坐标点）的分布情况，因此也具有很强的参考价值。

在机器学习领域，线性回归模型可以描述为：

$$y = f(x) = wx + b$$

在这个公式中，w 与 x 分别是 $1×n$ 与 $n×1$ 的向量，wx 是这两个向量的内积，b 是常数项（偏置）。

下面我们举一个具体的例子来说明上面的线性回归模型。例如，我们正在做一个实验，具体内容是研究某特定植物的生长健康程度与某些指标的关系。假设我们已经收集到了很多关于该植物的指标数据，如表 3.1 所示。

表 3.1　某特定植物的指标数据

生长周期 x_1	根部粗细 x_2	植物高度 x_3	叶子颜色值 x_4	健康评分 y
2	0.5	3.5	0.5	100
2	0.4	3.4	0.4	98
3	0.1	2.5	0.2	72
2	0.5	3.2	0.3	95
…	…	…	…	…

收集到的 x 是一个 4 维的向量，分别代表一个植物的生长周期、根部粗细、高度、叶子颜色值，$w_1 \sim w_4$ 可以看成是 4 个维度所占的比重。y 是描述植物的健康评分，x 和 y 向量都是已知收集到的观测值。通过对大量的样本数据进行观察与分析，我们选择建立线性关系的模型对数据进行拟合，于是推测 x 向量和 y 指标存在下面这种关系：

$$y = w_1 × 生长周期 + w_2 × 根部粗细 + w_3 × 植物高度 + w_4 × 叶子颜色值 + b$$

这时把已收集数据中的每一条的具体向量 x 值代入，并把 y 也代入。这样，每次输入一条植物数据，就会产生一个多元一次方程，如第一条数据：

$$100 = w_1 × 2 + w_2 × 0.5 + w_3 × 3.5 + w_4 × 0.5 + b$$

未知参数是 $w_1 \sim w_4$ 与 b，即向量 w 与偏置 b 的内容。接下来我们可以想到，如果能为这些未知参数找到合适的解，就可以确定一个最佳的多元回归模型，有了最佳模型，就可以完成对新数据的预测。所以，下一步的重点在于如何求解 w 与 b。这里先初步了解利用"损失函数"求其极小值的方式对 w 与 b 进行求解，至于"损失函数"是什么，极小值如何求解，我们将在后续章节中详细介绍。

2. 非线性回归

我们对线性回归有了初步的认识，现在来了解非线性回归。在了解非线性回归之前，我们先来弄明白什么是线性与非线性。学过线性代数的读者应该清楚，通过加、减、乘、除等简单运算能计算出结果的就可以认为它是线性的；需要再进行一些额外的运算如平方、取对数等才能计算出结果的就是非线性的。线性回归在理解上就相当于去寻找一个线性函数做拟合，二维空间中就采用一条直线去拟合分布的点。而在二维空间中，非线性回归则可理解成这条线是一条曲线。

我们可以将线性回归通过一些几何变换转换为非线性回归的模型，其中最典型的就是逻辑回归。逻辑回归是在线性模型后引入非线性的 Sigmoid 函数，从而将线性回归的结果全部映射成 0 或 1，所以逻辑回归虽然也称为回归，但是其实它解决的是二分类问题。

逻辑回归的函数关系如下：

$$y = f(x) = \frac{1}{1 + e^{-(wx+b)}}$$

这里的 **wx** + **b** 就是前面提到的线性回归模型。将线性模型的结果看成 z，则 $z = $ **wx** + **b**，那么这个模型表达式可以改写为：

$$y = f(x) = \frac{1}{1 + e^{-z}}$$

这就是 Sigmoid 函数，Sigmoid 函数图像如图 3.2 所示。

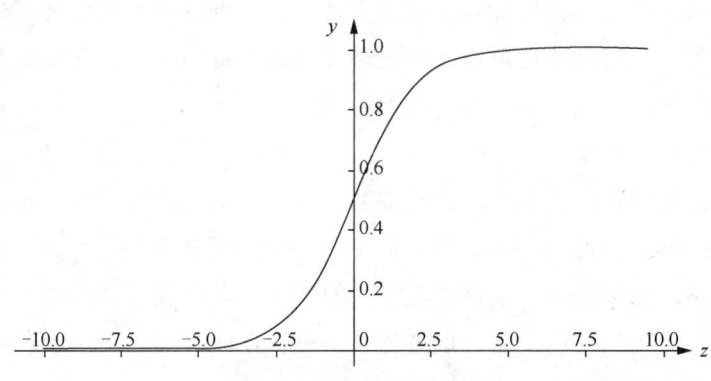

图3.2　Sigmoid函数图像

横轴是 z，纵轴是 y，我们可以看到，当 $z<0$ 时，y 的值无限趋近于 0；当 $z>0$ 时，y 的值无限趋近于 1。一个 **x** 向量经过这样两次映射，并按照阈值归类，最后一定得到 0 或者 1 的结果，这相当于将线性模型转换成了一个二分类的非线性模型。

逻辑回归训练的过程与普通线性回归一样，只不过损失函数的形式不同，但是它的损失函数仍然表示了拟合残差与待定系数的关系，并通过相应的手段进行迭代优化，最后通过逐步调整待定系数，减小残差（误差）。

3.2.2　分类

在机器学习领域中，分类是指利用数据的特性将其分为若干类别的过程。分类是一种常见的问题，因而也存在各式各样的分类算法。解决分类问题的算法训练完毕后会得到一个模型，这个模型被称为分类器。

其实，分类器的说法是非常形象的，分类器就相当于是一个机器，把一个样本放进入口，在出口处等待机器给样本分一个标签。例如，我们设计了一个图片分类器，它可以对图片的内容进行分类，当我们把一张猫的图片放入分类器时，在分类器的出口就可以得到"猫"的标签；把一张狗的图片放入分类器时，在分类器的出口就可以得到"狗"的标签。也就是说，在入口放入不同类别的图片时，在分类器的出口就会得到对应的标签，这就是分类器基本的分类过程。

如果我们按照编程思路去设计一个图片分类器，一开始很可能需要考虑图片像素的分布，还需要计算相近像素之间的向量表示，最后计算与预先设定好的向量的相似度等。这样一来，分类算法会变得过于复杂。在机器学习中，我们需要换个角度去思考，通过提供给分类器大量的图片以及图片对应的标签，让分类器自己去调整参数，自己"学习"不同图片的区别，由此演变为一个有用的分类器。

在 3.2.1 小节中介绍了逻辑回归，我们发现逻辑回归与线性回归一个很大的不同是：线性回归最终预测的是实数向量，它并没有被严格地局限于某个区间内，除非人为操作；而逻辑回归的输出被局限在 0 到 1 之间，最终分类的结果常常被期望为一个确定的值（0 或 1），所以我们可以利用逻辑回归来进行二分类。而多分类器输出的也是离散的变量，体现的也是非线性的分类特点。

1. 如何评价分类器

虽然对于人类而言，我们都不喜欢被贴上标签，但是数据研究的基础正是给数据"贴标签"进行分类。类别分得越精准，我们得到的结果越有价值。我们在编写程序教给分类器如何学习的时候，其实是在教它如何建立一套从输入（例如，图像的像素矩阵）到输出（标签）的映射逻辑，以及让它自己根据验证的结果调整这种逻辑映射关系，使得映射的结果更加准确。

我们来思考这个问题：怎么衡量一个分类器的优劣呢？在机器学习中有几个常用的指标：准确率、召回率、精准率。下面我们举例说明各个指标的具体表现和含义。

假设有 100 个样本数据，这些数据是猫和狗的图片，里面有 40 张猫的图片、60 张狗的图片，分为两类。接着我们把图片向量化（可以理解为把图片像素构成像素数值列表）并且为其添加标签：猫的图片对应的标签是"0"，狗的图片对应的标签是"1"。将这些数据当作训练集放入分类器进行训练，经过数轮训练后，分类器能够把图片像素与标签的映射关系调整到比较稳定的程度，然后用分类器对这 100 张图片进行分类测试。这时发现：40 张猫的图片，有 30 张被正确识别为猫，10 张被识别为狗；60 张狗的图片，全部被正确识别为狗。

上面这个分类器在识别中为什么会出现 10 张猫的图片的误判呢？实际上，在我们之后的学习与练习中，误判几乎是每时每刻存在的，只能尽量优化算法，因为即使通过人眼去判别，误判也是无法完全避免的，图片质量、大小、拍摄光线等各种因素会造成人眼或者机器的误判。

（1）准确率

准确率（accuracy）是最常见的评价指标之一，这个指标很容易理解，它的公式是：

$$准确率 = \frac{被分对的样本数}{所有的样本数}$$

按上面的例子，该分类器的准确率是(30+60)÷100=90%。通常，准确率越高，分类器就越好。

但有时候仅凭借"准确率高"并不能代表一个算法是好的。例如，对太平洋海啸的预测，假设我们将多个特征作为海啸分类的属性，类别只有两个：0 代表不发生海啸，1 代表发生海啸。一个没有学会分类的分类器，在每一次预测时都将类别划分为 0，那么它也能达到 99%的准确率。但当海啸来临时，这个分类器却毫无察觉，那么这个分类器就是无效的分类器。为什么达到 99%的准确率的分类器不是我们想要的？因为数据分布不均衡，类别 1 的数据太少，完全将数据分为类别 1 依然可以达到很高的准确率，但却忽视了我们关注的东西。所以，在正、负样本分布不均衡的情况下，准确率这个评价指标是有很大的缺陷的。再举个例子，在互联网里，网页小广告的点击率是很低的，一般只有千分之几，如果用准确率来衡量，即使全部预测为不点击，准确率也有 99%以上，这些显然是没有意义的。因此，单纯靠准确率来评价一个算法模型是非常不科学、不全面的。

（2）召回率

召回率（recall rate）指的是分类器检索出的某一样本的数目与样本库中该样本真实总数的比率，衡量的是分类器的查全率，体现的是覆盖度。公式如下：

$$召回率 = \frac{检索出的某一样本的数}{样本库中该样本总数}$$

（3）精准率

精准率（precision）指的是分类器检索出的某一样本的数目与检索出的该样本总数的比率，衡量的是分类器的精准度。公式如下：

$$精准率 = \frac{检索出的某一样本的数}{检索出的该样本总数}$$

通过上面的例子我们来具体分析一下召回率与精准率。100 张图片中有 40 张猫的图片，能正确识别 30 张，那么猫的图片的召回率为 30÷40=75%，检索识别猫的图片的结果为 30 个，那么猫的图片的精准率为 30÷30=100%。也就是说，分类器分为猫标签的图片一定是猫的图片。60 张狗的图片全部识别正确，但还有额外的 10 张猫的图片被误判为狗的图片，那么狗的图片的召回率 60÷60=100%，狗的图片的精准率为 60÷70≈85.71%。可以看出，在这两个指标中，分子都是不变的。对于某个类别来说，它的召回率与精准率的分子都是分类器识别为真、样本真实标签也为真的数目，召回率的分母是该样本的真实标签总数，精准率的分母则是分类器分为该类别标签的样本数。但与准确率一样，仅仅依靠召回率或者精准率的高低，评价模型都是不客观的，我们更多的时候需要使用多个指标、多角度地分析模型的优劣。

2．训练分类器的思路

分类的训练过程与回归的训练过程是一样的。首先输入样本与分类标签，接着建立假设的映射模型 $y = f(x)$，然后定义损失函数并构建权重参数 w 与损失函数的关系，通过优化算法、最小化损失函数、迭代法降低损失函数，最终找到能够有高准确率的权重参数 w。

上述训练过程无论是在机器学习领域还是在深度学习领域，都是有代表意义的科学性流程，这种流程已经被广泛使用，并被无数次印证。

其实人就像一个复杂的分类器，我们从小到大经过无数轮周围环境的训练，从而能够处理各种抽象的输入，对于文字、图像、声音、触觉、知觉的各种刺激，我们都能在非常短的时间内做出反应，例如回答、哭、笑等各种各样的反应。从一定意义上来说，人确实就是一个高级的、复杂的分类器。在工业应用方面，当前的分类器还停留在"感知阶段"，并且都是比较单一的分类器，即针对可以预见的输入去执行规定好的后续程序，从灵活应用的角度来说，还远不及人类。

3．Softmax 回归模型

通过前面的学习我们知道，线性回归预测的是连续值，逻辑回归可以解决的是二分类问题。但是，如果我们的任务有多个分类，那么该用什么样的算法预测多分类呢？

此时，我们仍然参考 Sigmoid 函数实现逻辑回归的思路。Sigmoid 函数本质上是将输出转化为 0～1 的概率值，这个概率值接近 1 时，定义为一个类别，接近 0 时，则认为是另外一个类别。输出多个类时也需要这样一个函数。如果训练的学习模型产生多个输出，可通过某个函数把不同的输出都映射为 0～1 的概率值，并且各个输出的概率值相加和为 1，这样是不是与逻辑回归一样，也可以将最终的结果按概率值最大的一个进行分类？对于多分类的预测问题，我们引入了 Softmax 函数，该函数运算使得输出更适合离散值的预测和训练。Softmax 回归模型将输出单元从一个变成多个，它的回归输出值的个数等于数据样本标签的类别数，Softmax 回归本质上是逻辑回归在多分类问题上的推广。

（1）深度学习中的分类问题

图像分类是深度学习中经常接触的一类问题。假设我们做一个非常简单的图像分类器，输入的值是图像的像素点，图像的大小为 2 像素×2 像素，也就是说，图像的每一行和每一列均由 2 个像素值组成，就像一个 2×2 的方阵。图像颜色模式是灰度模式，我们理解为方阵里面填充的全是元素值，大小是 0～255 的整数。假设样本图像包含猫、狗、兔子、鸟 4 种动物。

下面针对上述问题创建全连接神经网络，输入是 x_1～x_4 的 4 个像素值，假设对应猫、狗、兔子、鸟 4 种动物的标签为 y_1、y_2、y_3 和 y_4，如图 3.3 所示。我们对应每一个输入，通过神经网络的训练，都应该得到 4 种动物可能性的输出。

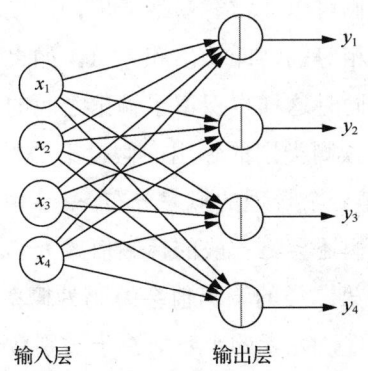

图3.3　4输入节点4输出节点的神经网络示意

我们用最简单的多元线性回归来拟合，因为共有 4 种输入特征值和 4 种输出动物类别，所以有 16 个权重参数、4 个偏置，对应 4 个输入来计算 y_1、y_2、y_3、y_4 这 4 个输出，结果为：

$$y_1 = x_1 w_{11} + x_2 w_{21} + x_3 w_{31} + x_4 w_{41} + b_1$$
$$y_2 = x_1 w_{12} + x_2 w_{22} + x_3 w_{32} + x_4 w_{42} + b_2$$
$$y_3 = x_1 w_{13} + x_2 w_{23} + x_3 w_{33} + x_4 w_{43} + b_3$$
$$y_4 = x_1 w_{14} + x_2 w_{24} + x_3 w_{34} + x_4 w_{44} + b_4$$

输出的 4 个值的大小差距很可能是比较远的，如输出值是 0.1、100、2、10，那么 100 最大，预测类别就是第 2 个，代表狗。但这样的输出结果的值可能大于 1，也可能小于 0，差别太大，很不好解释，更不方便度量。

（2）Softmax 函数

Softmax 函数可以解决上面的问题，Softmax 用于多分类过程中，它将多个神经元的输出映射到（0，1）区间内，并且使得最终的多输出映射和为 1，这样可以将结果看成概率来理解，得到的概率向量中最大数的索引代表整个数据集最终输出的分类，从而实现多分类。Softmax 的函数表达式为：

$$Y_i = Softmax(y_i)$$

按照上面例子中的 4 个分类，则具体输出为：

$$Y_i = \frac{e^{y_i}}{\sum_{j=1}^{4} e^{y_j}}$$

其中，i 的值为1～4，代表 4 个输出。

上面的函数其实很好理解，就是将指数函数应用到自然常数上，每一个输出的 Softmax 映射是自然常数的幂，并用这个值除以所有这种计算方式的加和。数学是奇妙的，从上面的公式中，我们可以非常容易地看出，如果将所有类别输出值加和，函数的分子部分与分母部分是相等的，即输出和为 1。如果单看一个类别，它肯定是一个大于 0、小于 1 的分数，同时这样也保留了输出之间的相对大小的关系，输出值变得有意义，并且不会改变原预测类别的输出。假设第二类输出值为 0.9，无论如何，其他类别的和都为 0.1，这是一个合理的概率分布。

在这种输出情况下，我们还会将一般的标签值改为 One-Hot 编码的形式。例如，真实标签为第二类，相应的第二类的输出值会编码为概率分布的格式[0，1，0，0]，这是一个包含 4 个元素的向量，元素的个数取决于类别数，向量中对应种类位置的元素为 1，其余为 0。

（3）通过矢量计算实现

前面提到的 Softmax 回归相信读者很快就能理解，但我们前面讲述的神经网络模型的输入输出都是比较少的情况下。如果输入样本较多，同时输出也比较多的时候，我们还是逐条计算吗？

显然不是这样的，在实现的过程中，我们是通过矢量计算来提高效率的，线性代数中矩阵的意义就是进行高维线性变换，还是通过刚刚列举的动物图片的识别例子来分析。

假设 Softmax 回归的权重与偏置参数是：

$$\boldsymbol{w} = \begin{bmatrix} w_{11} & w_{12} & w_{13} & w_{14} \\ w_{21} & w_{22} & w_{23} & w_{24} \\ w_{31} & w_{32} & w_{33} & w_{34} \\ w_{41} & w_{42} & w_{43} & w_{44} \end{bmatrix}, \quad \boldsymbol{b} = \begin{bmatrix} b_1 & b_2 & b_3 & b_4 \end{bmatrix}$$

图像 i 样本输入为：

$$\boldsymbol{x}^i = \begin{bmatrix} x_1^i & x_2^i & x_3^i & x_4^i \end{bmatrix}$$

输出层输出为：

$$\boldsymbol{y}^i = \begin{bmatrix} y_1^i & y_2^i & y_3^i & y_4^i \end{bmatrix}$$

预测各种动物概率分别为：

$$\boldsymbol{Y}^i = \begin{bmatrix} Y_1^i & Y_2^i & Y_3^i & Y_4^i \end{bmatrix}$$

最终 Softmax 回归模型的矩阵计算表达式为：

$$\boldsymbol{y}^i = \boldsymbol{x}^i \boldsymbol{w} + \boldsymbol{b}$$

$$\boldsymbol{Y}^i = Softmax(\boldsymbol{y}^i)$$

利用矩阵进行矢量计算直接一步到位，如果遇到更复杂的，我们还可以通过梯度下降优化算法——小批次梯度下降解决。

在实际开发中，我们不需要亲自编写矢量的操作，Keras 框架早已将很多复杂的操作封装起来，我们仅需要对其进行调用即可。

任务 3.3　理解什么是损失函数

【任务描述】

损失函数（loss function）是让机器可以进行"学习"的关键因素，那么损失函数是做什么的？通过神经网络处理不同的任务时，如何挑选损失函数呢？

本任务需要了解损失函数对神经网络的意义，能够认识损失函数是人为设定的一个目标函数，并且损失函数有很多种。

【关键步骤】

（1）认识神经网络中损失函数的存在价值，明确损失函数对于神经网络的意义。

（2）认识常见损失函数，了解解决问题不同需要选择不同的损失函数。

（3）以交叉熵损失函数为例重点讲解损失函数的含义与推导。

3.3.1　损失函数的意义

损失函数，也称为误差函数，它是衡量模型的预测值与真实值差距的评估函数。多数情况下，损失函数越小，模型的表现越好，因此损失函数决定了模型的学习。那么，损失函数到底是什么样的？与模型之间到底有什么样的关系？回顾我们在 3.2.1 小节中列举的"植物生长健康程度与某些指标的关系"案例，收集到大量的样本之后，最终猜测 x 向量和 y 指标存在下面这种关系：

$$y = w_1 \times 生长周期 + w_2 \times 根部粗细 + w_3 \times 植物高度 + w_4 \times 叶子颜色值 + b$$

那么，我们只要求解出这里面的 $w_1 \sim w_4$ 就可以确定这个多元回归模型。

为了求解这些未知参数，换个思路思考，假设这些未知参数已经被求解出来了，那么输入采集的数据向量 x 并通过假设的线性函数关系式就能计算出预测结果 y_i。此时，只要将预测的 y_i 与真实收集到的结果 y 比对，一定会发现预测值与真实值之间的差距，这个差距在机器学习中叫作损失（误差）。表示这个损失的函数，叫作损失函数。

那么这个损失函数用什么来表示呢？方法很多，最简单的，例如直接将两个值相减，可以体现真实值与预测值的差距，可是如果第一次计算的差距是负数，第二次计算的差距是正数，就会相互抵消，变为没有误差，这肯定是不合适的，所以损失函数通常会通过手动地设定绝对值或者求取差值的平方等形式，让其变为非负的。然后将获取的所有训练数据预测值与真实值的差别进行叠加，可以得到如下公式：

$$Loss = \sum_{i=1}^{n} |wx_i + b - y|$$

这个公式中，绝对值符号代表计算预测结果 wx_i+b 与真实标签 y 的差值，无论预测结果比观测值大还是小都将计为产生的损失。$\sum$ 求和可以看成循环所有的样本 i，直至 n，将所有的数据样本损失进行累加，最终得到一个总的损失 $Loss$。

我们发现，$Loss$ 与未知参数 w 是相关的，只要 $Loss$ 足够小，甚至其值为 0，此时的参数就是足够可靠的。但是，实际上 $Loss$ 为 0 的情况基本是不存在的，因为现实世界的数据并不是像数学公式那样具有严格的规范。非常重要的一点是，$Loss$ 越小，整个函数关系描述得越精准。我们只需要找到保证 $Loss$ 尽可能小时的 w 与 b 的取值就可以找到合适的解。后面我们会讲解如何使用计算机来迭代求解这一类函数。在迭代求解的过程中一旦发现保证 $Loss$ 足够小的 w 与 b，就对其在验证集上进行准确度验证。通过数次优化之后，w 与 b 的值虽然不是最优解，但是已经足够满足在工程上使用的误差范围了。

在深度学习中，损失函数的意义也是一样的。神经网络从输入开始不断向网络后端计算，会得出一个输出，这个输出就是模型的预测值。预测值是根据网络中设定好的权值与输入计算得到的，而真实值是在准备数据时就定义好的。例如，1000 张猫的图片，那么图片像素矩阵就是输入，我们将这些图片命名为猫 1、猫 2……，程序中对图片名进行处理，提取出该图片的真实值标签（"猫"或"非猫"）。搭建神经网络模型对一张未知图片进行预测，得到该图片的预测值（"猫"或"非猫"）。真实值与预测值之间的误差就是损失值，求解神经网络的各个权重参数值的过程就是神经网络模型训练的过程。

3.3.2　损失函数的种类

在深度学习的模型训练过程中，损失函数的选择非常重要，它不仅关系到训练模型的优劣，还关系到训练时间的长短。损失函数的种类很多，包含 0-1 损失函数、绝对值损失函数、平方损失函数等。

下面介绍常用的损失函数的种类。

1．0-1 损失函数

对于 0-1 损失函数，如果预测值和真实值相等，则值为 0；如果预测值和真实值不相等，则值为 1。感知机采用的就是 0-1 损失函数。0-1 损失函数表示为：

$$L(Y, f(x)) = \begin{cases} 1, & Y \neq f(x) \\ 0, & Y = f(x) \end{cases}$$

2．绝对值损失函数

与 0-1 损失函数相似，绝对值损失函数计算的是预测值与真实值的差的绝对值。

绝对值损失函数表示为：

$$L(Y,f(x))=\left|Y-f(x)\right|$$

3. 平方损失函数

平方损失函数计算的是预测值与真实值的差值的平方，是线性回归模型常用的最优化目标函数。均方误差（mean square error，MSE）损失就是基于平方损失计算的。平方损失函数表示为：

$$L(Y,f(x))=(Y-f(x))^2$$

4. log 对数损失函数

log 对数损失函数是分类模型常用的最优化目标函数。常见的逻辑回归使用的就是 log 对数损失函数。log 对数损失函数表示为：

$$L(Y,P(Y\,|\,x))=-\log P(Y\,|\,x)$$

5. 指数损失函数

指数损失函数对离群点、噪声非常敏感，经常用在 AdaBoost 算法中。指数损失函数的标准形式为：

$$L(Y,f(x))=\exp(-Yf(x))$$

6. 交叉熵损失函数

交叉熵损失函数本质上是一种对数似然函数，可用于二分类和多分类任务。交叉熵损失函数如下：

$$L=-\frac{1}{n}\sum_{x}[y\mathrm{ln}f(x)+(1-y)\mathrm{ln}(1-f(x))]$$

看完列举的这些损失函数，是不是感觉很复杂？没关系，我们当前先暂且了解，当遇到真实的问题时再去借鉴前人提供的思路，逐一攻破，慢慢理解。下面以深度学习中分类问题经常会用到的损失函数——交叉熵损失函数为例重点讲解。

3.3.3　交叉熵损失函数

简单地说，熵是衡量这个世界中事物混乱程度的一个指标。热力学第二定律中认为孤立系统总是存在从高有序度转变成低有序度的趋势，这就是熵增原理。这样听起来可能还是比较抽象，如果想深入理解交叉熵这个概念，那么还需要了解信息量、熵和相对熵的含义，下面使用一些例子进行讲解。

1. 信息量

1948 年，香农在他的论文中提出了"信息熵"的概念，这解决了信息的度量问题。一条信息含有的信息量与不确定性有着紧密的联系，例如这样一条信息——一只乌龟和一只猎豹赛跑，猎豹赢了。这条信息就没什么信息量，因为通常情况下猎豹肯定比乌龟跑得快，赢是理所当然的。再看另外一条信息：一只乌龟和一只猎豹赛跑，猎豹输了。这条信息的信息量就比上一条信息大，因为通常情况下，猎豹是不可能输掉比赛的，那么到底发生了什么情况？是猎豹病了，还是乌龟长翅膀了？是猎豹跑错路了，还是这只乌龟是一只忍者神龟？不确定因素太多。一个具体事件的信息量随着其发生概率而递减，发生了概率大的情况，信息量就小；发生了概率小的情况，信息量就大。也可以说，信息量的度量取决于不确定性，一件事情不确定性越大，信息量就越大；一件事情不确定性越小，信息量就越小。

那么，用什么来量化信息量的大小呢？大家应该都玩过猜数字游戏。例如，计算机随机取一个 1～64 的整数，接着你随便猜一个数输入，计算机为你输出猜的数偏大、偏小或正确，那么你最多需要猜几次就能猜到呢？答案：最多需要 6 次，第一次可以猜中值 32 来尽快确定随机数的区间，如果计算机反馈猜小了，那么下次就猜 32～64 的中值 48 以缩小区间，这样最多需要 6 次就可以找到随机数。这个过程中，随着从不确定的状态逐渐到更加确定的状态，猜数区间每次都会减少为原先区间的一半，信息量也会逐渐减少。那么，我们就将可能猜测的最大次数 6 作为最终的总信息量大小。

香农使用"比特"（bit）来度量信息量，计算机中二进制的一位就是 1 个 bit，我们前面所举的例子的信息量就是 6 bit。那么，如果猜数字的区间是 1～128 呢？我们第 1 次会猜中值 64 来缩小区间，接下来的过程与上述过程一致。即跟 1～64 的区间相比，只需要多缩小 1 次区间就能确定随机数。

香农提出，某信息的信息量应该这么计算：

$$h(x)=-\log_2 P(x)$$

$P(x)$ 是指 x 事件发生的概率。事件发生的概率越大，信息量就越小；事件发生的概率越小，信息量就越大。

可以发现，信息量的大小与这个随机数本身以 2 为底的对数相关。对于猜数字问题，如果是 1～64 的数字，信息量是 $\log_2 64=6$；如果是 1～128 的数字，信息量是 $\log_2 128=7$。

前面的例子是取随机数，理想情况下取每个值是等概率的，但是现实世界中的事件基本都不是等概率的，如果利用技术手段，让计算机暴露出取每个随机数的概率，我们就可以猜测随机数是不是在某个概率以上的那些值里，这样就可以更有针对性地猜测，需要猜测的次数就会比原来猜测的次数更少。因此，在这种不等概率的情况下，"随机数是多少"这条消息的信息量比等概率情况下的少。

2. 熵

我们可以发现，信息量度量的是一个具体事件发生所带来的信息，而熵则代表了在结果出现之前对可能产生信息量的期望，也就是对所有可能发生事件所带来的信息量的期望。信息熵公式如下：

$$H(x)=-\sum_{i=1}^{n}P(x_i)\log_2 P(x_i)$$

该式利用某一信息所有可能情况的概率，将每种情况的概率与对应的信息量相乘最后加和。式子中的求和代表事件可能有很多种情况发生，每一种情况的发生都对应着一个概率。假如信息中描述了一种事物，无论它的概率非常大还是非常小，都偏向确定事件，那么信息量就会非常小。

3. 相对熵

相对熵又被称为 KL 散度（kullback-leibler divergence），它主要用来衡量同一随机变量 x 的两个单独的概率分布 $P(x)$ 和 $Q(x)$ 的差异。例如编码问题，它用来度量使用基于 Q 分布的编码来编码来自 P 分布的样本平均所需的额外的比特数。在香农信息论中，用基于 P 的编码来编码来自 P 的样本，最优编码平均所需要的比特数（这个字符集的熵）为：

$$H\big(P(x)\big)=-\sum_{i=1}^{n}P(x_i)\log_2 P(x_i)=\sum_{i=1}^{n}P(x_i)\log_2\left(\frac{1}{P(x_i)}\right)$$

用基于 P 的编码去编码来自 Q 的样本，则所需的比特数变为：

$$H'\big(Q(x)\big)=\sum_{i=1}^{n}P(x_i)\log_2\left(\frac{1}{Q(x_i)}\right)$$

通过下式来描述 P 与 Q 的相对熵：

$$D(P\|Q)=H'\big(Q(x)\big)-H\big(P(x)\big)=\sum_{i=1}^{n}P(x_i)\log_2\left(\frac{1}{Q(x_i)}\right)-\sum_{i=1}^{n}P(x_i)\log_2\left(\frac{1}{P(x_i)}\right)$$

$$=\sum_{i=1}^{n}P(x_i)\log_2\left(\frac{P(x_i)}{Q(x_i)}\right)$$

D 的值越小，表示 Q 分布和 P 分布越接近，在机器学习中 P 通常用来表示样本真实分布，例如标签[0, 1, 0, 0]，Q 表示模型预测的分布，例如[0.1, 0.8, 0.05, 0.05]。

4. 交叉熵

在深度学习的实验中，我们更常使用的是交叉熵，可能你会有所质疑，相对熵恰好是衡量样本真实分布与预测分布的差异，为什么不直接使用呢？其实，交叉熵就是相对熵推导后的结果，根据对数运算法则，可以对相对熵进行下述变换：

$$D(P\|Q)=\sum_{i=1}^{n}P(x_i)\log_2\left(\frac{P(x_i)}{Q(x_i)}\right)=\sum_{i=1}^{n}P(x_i)\log_2\big(P(x_i)\big)-\sum_{i=1}^{n}P(x_i)\log_2\big(Q(x_i)\big)$$

$$=-H\big(P(x)\big)-\sum_{i=1}^{n}P(x_i)\log_2\big(Q(x_i)\big)$$

我们发现，公式前面一部分就是真实分布的信息熵，后面一部分则是交叉熵，

由于 P 是样本标签真实的概率值，Q 是样本预测的概率值，样本标签是不变的，因此前面一部分信息熵在计算过程中可以省略，那么剩下的后面的部分就是交叉熵。

$$H(P,Q) = -\sum_{i=1}^{n} P(x_i) \log_2 \left(Q(x_i) \right)$$

尽管这些损失函数的公式及推导十分复杂难懂，但这并不影响我们在算法学习中对于损失函数的使用。在使用深度学习库时，可以直接调用对应的 API 进行使用，无须手动实现各类损失函数。

任务 3.4 掌握梯度下降算法

【任务描述】

梯度下降是机器学习中比较常见的算法之一，是被广泛用来最小化模型误差的参数优化算法。我们之后使用的很多优化算法或者优化器都是基于梯度下降算法演进的，每种梯度下降算法的性能是不同的。虽然采用梯度下降算法不一定能够找到全局最优解，但如果目标函数是凸函数，采用梯度下降算法得到的解就一定是全局最优解。

本任务要求了解什么是梯度，并通过例子理解梯度下降算法的求解参数思想。

【关键步骤】

（1）了解梯度的含义，明白梯度下降算法的特点。

（2）掌握梯度下降算法。

（3）了解梯度下降的三种形式。

3.4.1 梯度下降概述

说到梯度下降，不得不说的就是下山问题，梯度下降其实就是一个下山的过程。假设我们爬到了山顶，忽然感觉很累，想尽快下山休息，但是这个时候起雾了，山上都是浓雾，能见度很低，那么下山的路径是无法确定的，这时候我们要怎么下山呢？聪明的你肯定能想到利用周围能看见的环境去找下山的路径。首先要找到周围最陡峭的地方，然后朝着这个方向向前走，走完一段距离发现最陡峭的方向变了，那么就调整方向继续沿最陡峭的地势往下行走。这样不断地行走，理论上最后一定可以到达山脚。这个例子就体现了梯度下降的思想，梯度下降示意如图 3.4 所示。

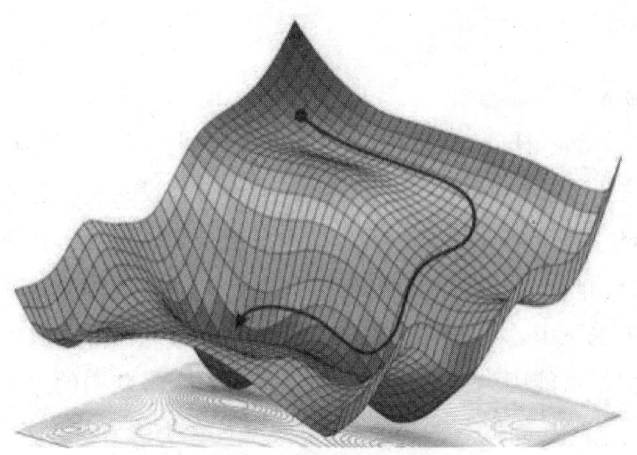

图3.4　梯度下降示意

那么，对应到神经网络训练过程中的梯度下降算法是怎么样的呢？利用神经网络训练出的模型得到的预测值与真实的数据标签对比会产生一个误差，根据所有样本的误差会得到一个损失函数，那么该损失函数与权重之间形成一个复杂的函数，这个函数就可以看成是刚才举例中的那座山，山脚就对应了该函数的最小值，最快的下山方式就是在当下位置找到最陡峭的地方，然后沿着这个方向往下走，之后不断迭代。

那么，这里面"最陡峭"的地方是哪个方向呢？就是梯度方向，梯度是一个向量，它有大小和方向，表示某一个函数在该点处的**方向导数**沿着该方向取得最大值，即函数在该点处沿着该方向（此梯度方向）变化最快，变化率最大。在单变量函数中，梯度其实就是函数的导数，代表函数在某个给定点的切线的斜率；在多变量函数中，梯度就是对函数中每个自变量求取偏导数组成的向量。

我们不断地使用这种方法，反复地求取梯度，当在连续两个位置所取得的最终函数值相差无几的时候，函数就达到了"相对的最小值"。那么，为什么是相对而不是绝对呢？我们在下山过程中可能会遇到这种情况，根据地势往下走，不小心进入了一个很深的洼地，这时四周都是地势向上的，人是很聪明的，我们可以爬出来继续找其他地势向下的方向，但是计算机可没有那么聪明，它可能会深陷其中，无论怎么求梯度都爬不出来，所以这时函数可能只能够达到局部的最小值，而不是全局的最小值。

根据上面的描述，我们给出梯度下降的公式：

$$w_{n+1} = w_n - \eta \frac{\partial J(w)}{\partial w}$$

这里 w_n 和 w_{n+1} 是函数相邻两次的 w 取值，$\dfrac{\partial J(w)}{\partial w}$ 代表在 $J(w)$ 函数中对 w 求偏导，即梯度。那么，η 是什么呢？η 代表学习率（learning rate）。

3.4.2　学习率

1. 学习率的含义

了解"最陡峭"和"梯度方向"的关系后，如果找到了"梯度方向"，我们要沿着这个方向走多久呢？一步、两步，还是五步、十步？假设这座山有的坡特别平缓，我们使用测量仪测试"最陡峭"的方向后，每次只走一步，然后再重新测试"最陡峭"方向，这时候就会出现一个问题：我们走得太慢了，频繁地测量非常耽误时间，可能走到明天我们都无法下山。而如果在找到"最陡峭"方向后，一次走一百步，虽然减少了测量次数，但很可能因为一次走太多而漏掉下一个最陡峭的方向，偏离了下山的最快路径。

所以，在梯度下降中，我们需要一个合适的测量频率，既保证下山路径足够快，又不需要太多时间去测量，这个量可以将其理解为梯度下降过程中的步长，即学习率 η。可以说，学习率决定了模型找到相对最优参数的效率。

2. 学习率的设置

在训练神经网络模型的时候，学习率是重要的超参数，它决定着损失函数还要多久才能收敛到最小值，甚至能否收敛到最小值。一个合适的学习率能够让损失函数在合适的时间内收敛到局部最小值。

在梯度下降中，例如一次权重更新中，梯度下降的算法为：

$$w_{n+1} = w_n - \eta \frac{\partial J(w)}{\partial w}$$

假设它是一元函数，如果学习率设置得过小，函数收敛过程会较慢，如图 3.5 所示。

如果学习率过大，函数收敛过程又会在曲线间来回振荡，甚至发散，无法找到最小值，如图 3.6 所示。

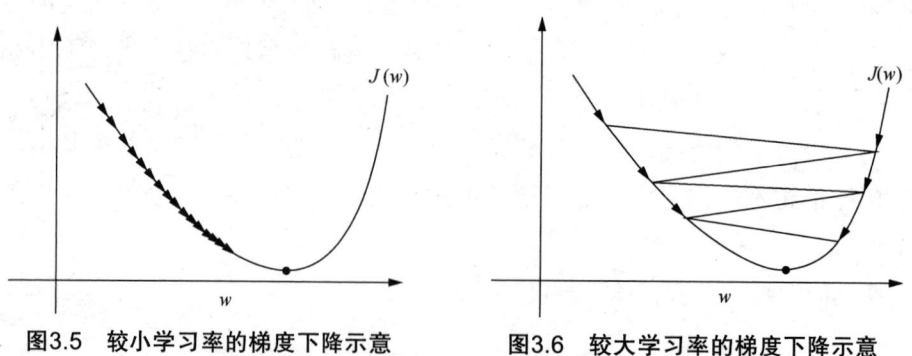

图3.5　较小学习率的梯度下降示意　　　　图3.6　较大学习率的梯度下降示意

所以，学习率的设置也是需要很多经验积累的。在通常的梯度下降算法中，我们会给一个固定的学习率，即在整个优化过程中都以固定的步长进行更新，但这样也会有弊端。当曲线较为平缓时，步长较小，造成收敛缓慢，浪费计算资源和时间；当快接近最小值时，步长却很大，这样就会遗漏最小值的位置，导致函数无法收敛。所以，关于梯度下降还会有一些优化算法，我们后面再详细讲述。

3.4.3 梯度下降的形式

常用的梯度下降算法具体包含 3 种不同的形式：批量梯度下降（batch gradient descent，BGD）、随机梯度下降（stochastic gradient descent，SGD）与小批量梯度下降（mini-batch gradient descent，MBGD），它们各自有着不同的优缺点。

1．批量梯度下降

批量梯度下降将计算在权重参数下整个数据的损失，并将该损失应用于梯度更新。也就是说，我们需要计算整个数据集的梯度，但是计算的结果只能用来进行一次参数更新。所以，批量梯度下降的优点是对于凸函数来说一定会找到全局最优解，易于并行实现，但缺点是批量梯度下降的计算量很大，速度会比较慢，并且对于无法一次性加载到内存的数据集是不适合的，如果训练数据非常多，就会更加耗时。

2．随机梯度下降

随机梯度下降通过每个样本来迭代更新一次。对于大的数据集，可能会有相似的样本，批量梯度下降在计算梯度时会出现冗余，同时每次计算整个数据集的梯度导致计算量很大。随机梯度下降随机抽取一个样本进行一次更新，没有冗余，这样做更新速度比较快，而且可以新增样本。

但由于随机梯度下降仅对单个样本进行，单个样本之间的方差较大且不能代表所有样本，如样本数据中的噪声较多，会导致随机梯度下降并不是每次迭代都向着整体最优化的方向，这使得损失函数在迭代变化时变得非常不稳定，不一定如设想那般逐步减小。

3．小批量梯度下降

小批量梯度下降融合了上述两种形式的优势，它将整体样本中随机的一部分视为一个小批量，然后针对这个小批量进行梯度更新。小批量梯度下降既解决了批量梯度下降的计算量大、训练速度慢的问题，又降低了随机梯度下降收敛的波动性，降低了参数更新的方差，使得收敛更加稳定。

任务 3.5 了解机器学习的通用工作流程

【任务描述】

了解机器学习的通用工作流程，理解机器学习中每个工作步骤的意义。

【关键步骤】

（1）了解机器学习工作的整体流程。

（2）理解机器学习工作步骤的具体含义。

通过前面的学习，我们已经了解到深度学习其实属于机器学习的范畴，深度学习的工作流程与机器学习的工作流程几乎相同，只不过在一定程度上，由于深度学习算法体系的特性（具有强大的能力和灵活性），它将世界表示为嵌套的层次结构，每个表示都与更简单的特征相关，因此深度学习可能会省略一些手工提取特征的步骤。接下来我们了解一下机器学习的通用工作流程。

1. 收集数据

通常情况下，数据收集和整理的工作在整个深度学习任务中的占比在70%以上。当你确定一个机器学习或深度学习的任务，尤其是比较个性化的任务时，相关数据通常都不能在互联网上随意收集到，那么前期的数据收集花费的时间代价将是非常大的。假设现在要完成一个停车场车牌识别的任务，那么接下来需要收集全国各地的停车场的车牌号。车牌分为蓝牌和新能源车牌，蓝牌比较容易收集，在互联网上可以找到一些不错的资源，通过一些数据抓取的技术也能收集到。但是，新能源车牌与蓝牌的区别还是比较大的，而且新能源车牌近几年才出现，这可能需要通过人工采集车牌数据，这些数据凭经验来说至少需要成千上万张，可想而知数据收集的工作量有多大。有了初期的数据还不够，还需要人工给数据做标注，在每一张车牌图片上做标注同样需要花费大量的时间。在图3.7中，实线框内是收集数据的示意。

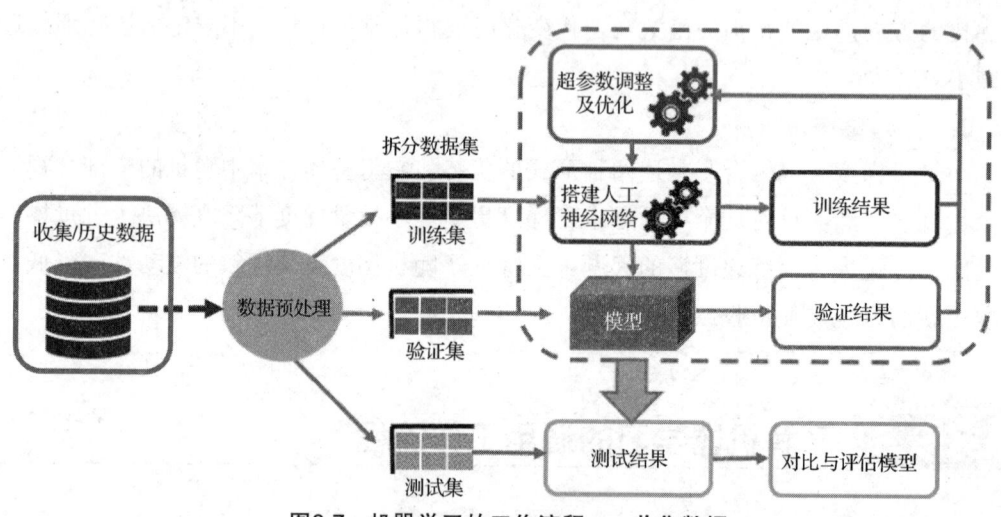

图3.7　机器学习的工作流程——收集数据

2. 数据预处理和划分

在数据都准备好的情况下，开始进行至关重要的一个步骤——数据预处理。在

图 3.8 中，实线框内是数据预处理的示意。由于学习的任务不同，所需的数据类型也是事先无法确定的。数据一般分为结构化数据与非结构化数据，结构化数据是高度组织和整齐格式化的数据，它比较容易使用，如销售数据（包含信用卡号码、日期、产品名称等）；非结构化数据简而言之就是结构化数据之外的一切数据，如音频、视频、图像、文本等。在深度学习建模之前，如果没有一份质量高的数据作为"燃料"，通常的结果就是将"垃圾"数据送进模型，训练出的模型也是"垃圾"模型。

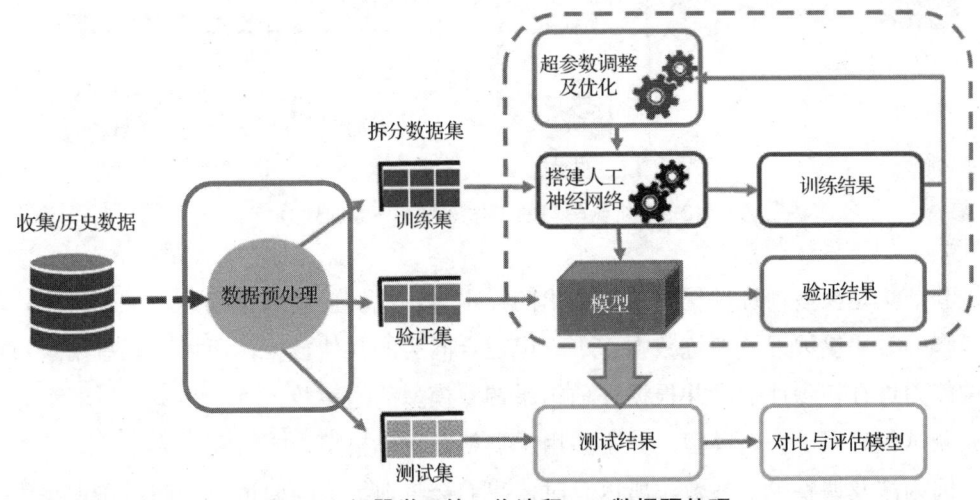

图3.8　机器学习的工作流程——数据预处理

在数据预处理这一步，我们首先要保证数据质量。还是搜集车牌的例子，假设搜集过程中发现已经打好标签的车牌有些不准确，或者有些车牌被掩盖，我们的首要任务就是做清洗或修正。同时还有一些必要的操作是为了后续训练模型的时候方便计算而设置的，如数据归一化，或者将数据进行简单缩放，或者对数据进行样本均值削减，或者是对特征标准化等。

在数据预处理工作之后，便是关于拆分数据集（数据划分）的工作。合理地拆分数据集能够保证模型的质量，也能够科学地评估模型，让模型学习后在预测新数据时有一个不错的表现。

在图 3.9 中，实线框内为数据划分的示意。数据集在学习建模过程中被拆分为训练集（training set）、验证集（validation set）、测试集（test set）。这三个数据集本质上并无区别，只是把一个数据集分成 3 个部分而已，都是输入与标签的组合。

其中，训练集是训练模型的主要"燃料"，它占总体数据集的比例通常也是最大的，是用一些我们已经知道输入和输出的数据集训练机器学习，通过拟合寻找模型的初始参数。

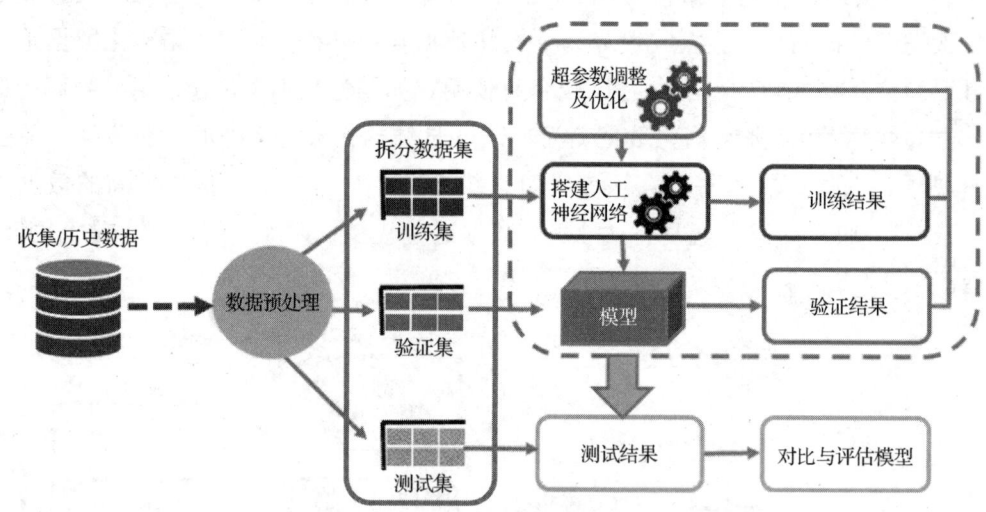

图3.9　机器学习的工作流程——数据划分

验证集是模型训练过程中单独留出的样本集，我们使用训练集建立一个模型，但是模型的效果仅体现了训练数据，不一定适合同类的其他数据，所以验证集用于对模型的能力进行初步评估，并根据评估结果调整模型的超参数。

测试集只用于评估模型，并不会用于调整和优化模型。

因为涉及调整模型参数，所以有时候我们会将训练集与验证集一起看作训练集，这样训练集与测试集的划分比例通常为 7：3 或 8：2。

3. 训练模型及调优

把数据集都处理好之后，就需要训练与评估模型了。如果是深度学习，在这一步，我们首先会参考一些成熟的人工神经网络结构来搭建一个新的人工神经网络模型。在第 4 章中会详细讲解神经网络，它通常会有输入和输出，我们将数据放进神经网络，迭代地进行神经网络模型的训练，而且可以使用优化算法优化神经网络中的参数，这个过程一直持续到神经网络在验证集上的表现让用户满意为止。

在图 3.10 中，实线框内为神经网络的训练模型及调优示意。这里的搭建人工神经网络指的就是一些成熟的神经网络模型，而下面的模型指的就是经过评估调参后，含有确定参数的人工神经网络。初始搭建的人工神经网络定义了计算过程，参数是我们最终要计算出的核心内容。之后通过验证集的验证，再对人工神经网络参数进行更新和调整，重复进行这个过程，直到用户认为模型无论是在训练集上还是在验证集上表现得都比较好为止。最终，我们把测试集放入训练好的模型，客观地测试模型的泛化能力。

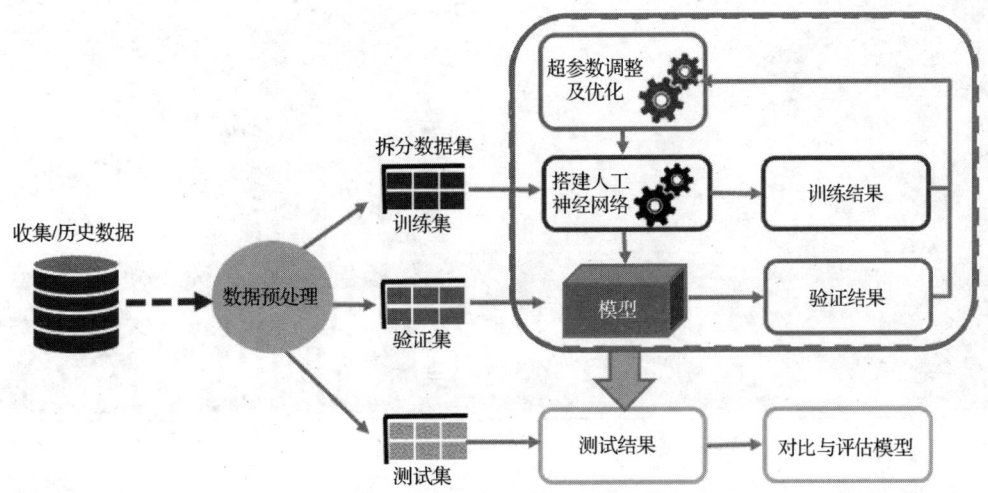

图3.10　机器学习的工作流程——训练模型及调优

本章小结

➢　回归预测的目标值一般是连续值，分类预测的目标值一般是离散值。分类和回归可以在同一个神经网络中协同工作。

➢　损失函数用来衡量模型的预测值与真实值之间的差距，是模型学习与更新参数的关键，根据特定问题可以选择或设计相应的损失函数。

➢　梯度下降是被广泛用来最小化模型误差的参数优化算法。梯度下降的计算过程就是沿梯度下降的方向求解极小值。

➢　深度学习可以从大数据中先学习简单的特征，再逐渐学习更为复杂、抽象的深层特征，不依赖人工进行特征提取。

➢　机器学习的通用工作流程是：收集数据，数据预处理和划分，训练模型及调优。

本章习题

简答题

（1）简述机器学习算法的分类。

（2）举例说明机器学习中"准确率""召回率""精准率"的含义。

（3）简述机器学习的通用工作流程。

第 4 章

神经网络基础

➤ 认识人工神经网络的组成。

➤ 掌握人工神经元、感知机的结构。

➤ 利用 Python 实现单层感知机。

➤ 理解激活函数的作用。

通过学习本章，读者需要完成以下 4 个任务。读者在学习过程中遇到的问题，可以通过访问课工场官网解决。

任务 4.1　了解人工神经元。

任务 4.2　掌握基础的神经网络结构。

任务 4.3　使用 Python 实现感知机。

任务 4.4　理解激活函数的作用。

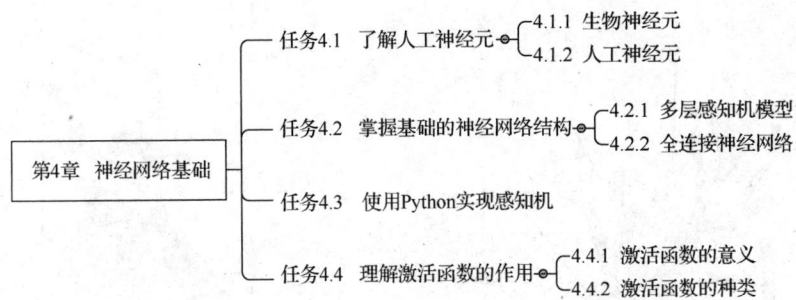

从本章起，我们开始接触神经网络，基本的人工神经网络是前馈神经网络（feedforward neural network，FNN），这种神经网络的特点是，从人工神经网络的输入层开始，每一层接收前一层的输入，并将其输出到下一层，一直到输出层为止。

任务 4.1 了解人工神经元

【任务描述】

我们知道，人工智能是与大脑研究紧密相关的学科，相关的很多理论知识受到了对大脑研究的启发，当下的深度学习更是如此。人工神经网络的基本组成单位是人工神经元，接下来我们分析人工神经元的构成形式以及对信息的处理流程。

本任务要求通过学习生物神经元，理解人工神经元的数学表达，了解神经元中的主要数学构成元素，以及认识前馈神经网络的组成。

【关键步骤】

（1）认识生物神经元，了解受生物神经元启发设计而成的人工神经元。

（2）掌握人工神经元的数学表达形式。

4.1.1 生物神经元

神经网络是一种受生物神经元结构的启发而研究出的算法体系。生物学家对生物神经元的研究由来已久，很早就已知晓生物神经元的组成结构。人的大脑中大约有 140 亿个神经元。神经元是大脑处理信息的基本单元，以细胞体为主，由需要向周围延伸的不规则的树枝状纤维构成神经细胞，其形状很像一棵枯树的枝干。神经元主要由树突、轴突、髓鞘、细胞核、突触等组成。从神经元各个组成部分的功能来看，信息的处理与传递主要发生在突触附近。当神经元细胞体通过轴突传到突触前膜的脉冲幅度达到一定强度时，即超过其阈值点位后，突触前膜将向突触间隙释放神经传递的化学物质。图 4.1 所示为神经元结构。

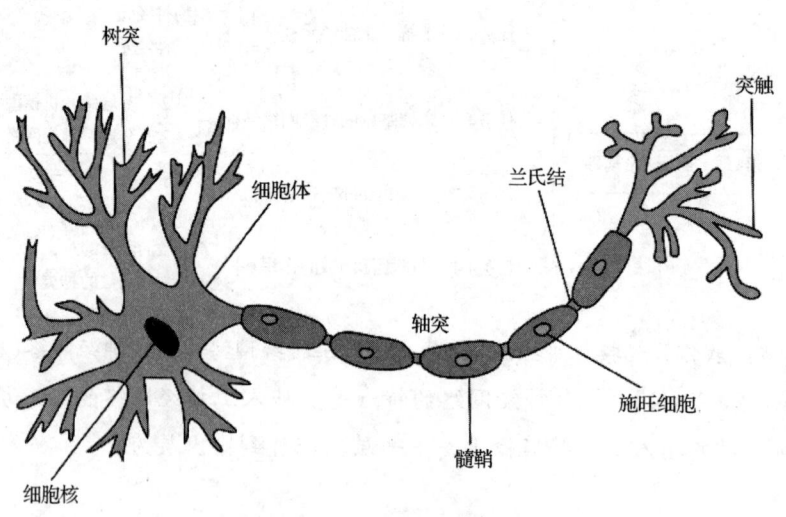

图4.1　神经元结构

神经细胞使用的是化学信号传递，但是有机化学分子比较复杂，目前为止，人类并不了解这些化学分子具体承载的信息，然而人类通过这种神经细胞之间的刺激来传递信息的方式获得启发，从而设计了网络状的处理单元，即人工神经元。

4.1.2　人工神经元

人工神经元是神经网络的基本单元。图 4.2 所示为人工神经元示意，左侧字母 x 代表输入，中间的字母 w 代表参数，形状为圆的节点表示进行某种运算，即代表一个神经元，输入 x 通过运算处理后形成输出。该神经元包含两部分模型，第一部分是所谓的"线性模型"，可以把它理解为一个简单包含加减乘除的函数，如 $f(x) = 2x+1$；第二部分是"激活函数"，是将第一部分线性模型的结果再通过一个"激活函数"计算，得到的非线性模型。激活函数是非线性的，例如Sigmoid激活函数，$f(x) = \dfrac{1}{1+e^{-(2x+1)}}$。这其实跟我们前面讲解的逻辑回归模型非常类似，线性回归、逻辑回归及 Softmax 回归都可以看成是最简单的单层神经网络。

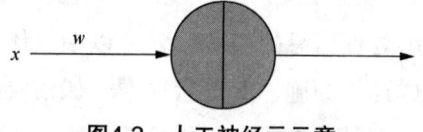

图4.2　人工神经元示意

如图 4.3 所示，我们也可以将输入扩展为一个三维向量，x_1、x_2、x_3 作为神经元的输入，当然也可以是一个 n 维向量。

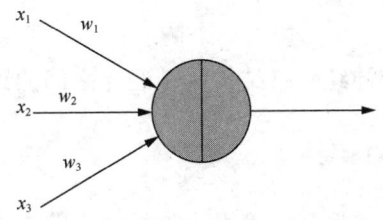

图4.3　多输入的人工神经元示意

对于 n 维向量输入项的神经元 $f(x)$ 来说，这个函数就是：

$$f(x) = xw + b$$

其中，x 是一个 $1 \times n$ 的向量，而 w 是一个 $n \times 1$ 的权重矩阵，b 是偏置项。那么，这个过程是在计算什么？权重矩阵和偏置项分别是什么？

我们举一个例子来说明，假设 x 是一个这样的特征向量：

$$(1, 180, 70)$$

该特征向量的 3 个输入元素代表着描述人的 3 个特征维度，如第 1 个元素表示性别（1 代表男，0 代表女），第 2 个元素表示身高（180 cm），第 3 个元素表示体重（70 kg）。这是一个多维度的描述，可以看作在描述人的身体情况，针对不同的人会得到不同的特征向量。

w 是一个 $n \times 1$ 的矩阵，它表示权重的概念，可以理解为它代表每一项的重要程度，例如：

$$\begin{pmatrix} 0.1 \\ 0.03 \\ 0.06 \end{pmatrix}$$

b 是偏置项，它通常是一个实数值，假设这里 b 就是 0（假设 $b = 0$），整个函数则表示为 x 与 w 进行内积计算，点乘出来的结果是一个实数，然后再加上偏置项 b，即：

$$f(x) = 0.1 \times 1 + 0.03 \times 180 + 0.06 \times 70 + 0 = 9.7$$

最终的结果是 9.7。如果是一个健康与否的分类问题，那么数值 9.7 到底代表健康还是不健康呢？

我们需要将这个结果继续使用"激活函数"进行处理，激活函数的目的是将线性回归的结果映射到 (0,1) 区间或 (-1,1) 区间，从而得到一个值，当这个值超过某个界限值时，会输出 1，否则输出 0。至此，我们完成了数据的二分类效果。

任务 4.2　掌握基础的神经网络结构

【任务描述】

基础的神经网络结构包括神经元之间的连接方式以及人工神经网络中层的定义。本任务中，主要讲解多层感知机模型、全连接神经网络，理解神经网络的结构和各部分的意义。

本任务要求掌握基础的神经网络结构、神经元之间的连接方式，初步理解前馈神经网络的计算方式。

【关键步骤】

（1）掌握神经元之间通过相互连接组成神经网络的方式。

（2）初步认识神经网络从输入层到输出层的计算方法。

4.2.1　多层感知机模型

学习了任务 4.1 之后，我们能够抽象出一个最简单的神经网络的样子，这就是由弗兰克·罗森布拉特于 1957 年发明的单层感知机模型，如图 4.4 所示。

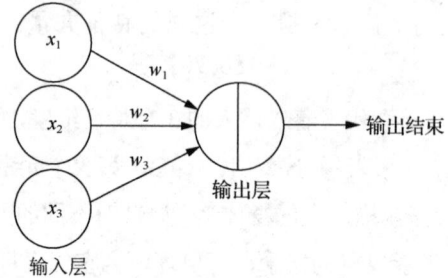

图4.4　感知机模型

其中，x_1、x_2、x_3 为单层感知机的输入，在这里可以将输入部分和运算处理部分分别看成两层神经元，输入层和输出层直接相连。输入层有多少个输入维度，就有多少个神经元，输出层神经元数量取决于我们要解决的问题。对于输入的数据，采用线性模型计算后再利用非线性函数（激活函数）将输出转化为非线性结果。

通俗地说，神经网络就是多个神经元首尾相接形成一个类似网络的结构来协同计算。神经网络的模型非常多，其中最为重要的是多层感知机，多层感知机可以看成是由多个单层感知机组成的，相当于在输入层和输出层中间多加入一些层，加入的每个层都会先经过线性模型得到结果，再利用激活函数对结果进行非线性化，因为这些层不暴露在网络外部，所以这些层被称为隐藏层。隐藏层的意义是对输入层特征进行多层次的抽象，最终的目的是更好地划分不同类型的数据，如图 4.5 所示。

多层感知机中隐藏层的层数和各隐藏层中隐藏单元的个数都属于可以人工调整的超参数。隐藏层中的神经元和输入层中各个输入完全连接，输出层中的神经元和隐藏层中的各个神经元也完全连接。因此，多层感知机中的隐藏层和输出层都是全连接层。隐藏层的层数可以定义成一层或者多层甚至上百层，每一个隐藏层的隐藏单元的个数也都可以定义成多个甚至上百个。层数越多，神经网络的深度越大，具体要设置多少层或者每层中需要多少个隐藏单元才能让神经网络达到最优预测效果，需要针对不同的数据、不同的应用场景进行调整。

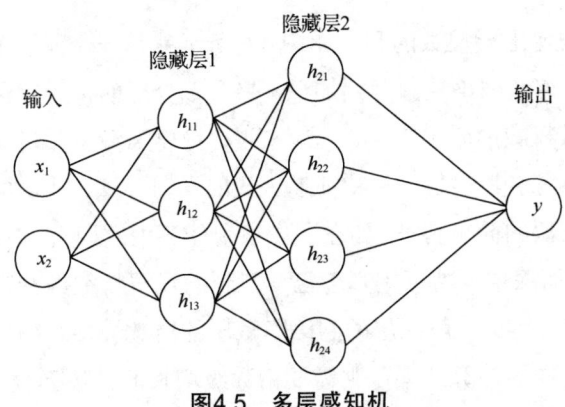

图4.5　多层感知机

　　在深度学习的整个过程中，我们会不断地发现不同形式的网络，很多网络并不是全新的内容，通常来说都是基于旧网络结构进行的升级和演变，我们只需要掌握那些较为基础的知识，当进行新网络结构的学习时，就会觉得非常轻松。

4.2.2　全连接神经网络

　　图 4.6 所示为一个由多层感知机构成的神经网络结构，该神经网络中包含输入层、隐藏层、输出层。同一层的神经元之间没有连接，相连接的神经元之间都有一个权重（权值）。输入层在整个网络最前端，图中为左侧（也有自下而上的结构示意图），它直接接收输入的向量，输入层通常不被计入层数。中间包含 1 个隐藏层。最后是输出层，用来输出整个网络计算后的结果。从图 4.6 可以看出，隐藏层中的神经元和输入层中各个输入完全连接，输出层中的神经元与隐藏层中各个神经元也完全连接，因此，这种前一层神经元与下一层的每一个神经元全部都会连接的网络结构也被称为全连接神经网络。

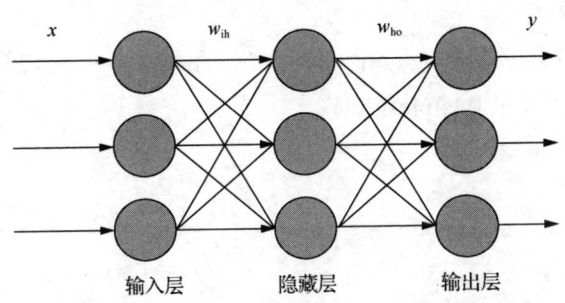

图4.6　由多层感知机构成的神经网络结构

　　数据经过前一个神经元的计算，输出给下一层的神经元当作输入，每个神经元都进行线性部分的计算，再通过激活函数的映射，数据就是通过这种神经网络结构进行传递的。全连接网络中除输入层外，每个神经元都连接了前一层的全部神经元，所以计算时会将所有的计算结果进行加和计算。

　　神经网络的层数只计算有计算能力的层，输入层不参与计算过程，所以神经网络的层数是隐藏层层数与输出层层数的和，如图 4.6 所示就是一个两层的神经网络。显然，随着隐藏层的增加，神经网络层数开始加深，那么多少层的神经网络才算是深度神经网络呢？这其实并没有权威的学术定义，一般来说，只要隐藏层超过 1 层就可以称为深度神经网络。深度神经网络其实是一种特征递进式的学习算法，浅层的神经元直接从输入数据中学习一些低层次的简单特征，如在图像识别任务中，浅层学习就是学习一些边缘、纹理等相关的特征。而深层的特征则基于已学习到的浅层特征继续学习图像内容中更高级的特征，如人脸信息等。一般深层的网络隐藏层的层数较多，如果浅层的网络想要达到与深度神经网络同样的计算结果，则需要指数级增长的神经元数量才能达到。

任务 4.3 使用 Python 实现感知机

【任务描述】

了解了神经元、感知机及全连接神经网络的知识后，我们利用 Python 来实现感知机，从而能够更深刻地体会神经网络的内部工作原理。

本任务通过代码实现最简单的单层感知机，通过梯度下降算法来更新模型的权重参数。

【关键步骤】

（1）定义激活函数。

（2）实现感知机的训练函数。

（3）实现感知机的预测。

1. 导入必要的库

我们除了需要导入必要的 NumPy 库以外，还需要导入实现样本数据随机生成的 random 库和实现可视化的 Matplotlib 库。

```
import numpy as np
import random
import matplotlib.pyplot as plt
```

2. 定义激活函数

在单层感知机中，我们利用 Sigmoid 函数来作为神经元的激活函数。在这里有必要介绍深度学习的早期模型中选择 Sigmoid 函数作为激活函数的原因。除了 Sigmoid 函数能够将线性数据实数范围内的值压缩到 0～1 之间，使得任意大小的输出都能良好地实现二分类的效果以外，Sigmoid 函数的另一个重要性质就是其导数可以通过原函数表示，这意味着，计算出原函数值就可以同时计算出其导数的值，这在早期算力不足的情况下显得尤为重要，因此，Sigmoid 函数作为基础的函数，对于神经网络模型设计仍具有重要的指导意义。

```python
def sigmoid(v):
    return 1 / (1 + np.exp(-v))
def sign(v):
    if sigmoid(v) >=0.5:
        return  1
    else:
        return  -1
```

3. 实现感知机的训练函数

我们自己定义一个简单的数据集，假设数据集最终被分为两类：标签为 1 和-1。这里创建 8 个数据样本，并对神经元中线性模型的参数进行初始化，然后通过迭代的方式，利用梯度下降算法，对数据集进行训练，并设置随机训练次数为30。

```python
def training():
    train_data1 = [[1,3,1], [2,5,1], [3,8,1], [2,6,1]]    #正例样本
    train_data2 = [[3,1,-1], [4,1,-1], [6,2,-1], [7,3,-1]]    #负例样本
    train_data = train_data1 + train_data2
    weight = [0,0]
    bias = 0
    learning_rate = 0.1
    for i in range(30):
        train = random.choice(train_data)
        x1,x2,y = train
        y_predict = sign(weight[0]*x1 + weight[1]*x2 + bias)
        print("train data:x:(%d, %d) y:%d ==>y_predict:%d" %
(x1,x2,y,y_predict))
        if y*y_predict<=0:
            weight[0] = weight[0] + learning_rate*y*x1
            weight[1] = weight[1] + learning_rate*y*x2
            bias = bias + learning_rate*y
            print("update weight and bias:")
            print(weight[0], weight[1], bias)
    print("stop training :")
    print(weight[0], weight[1], bias)
```

为了观察清晰，我们对训练数据进行可视化，在函数中加入可视化代码：

```python
    plt.plot(np.array(train_data1)[:,0], np.array(train_data1)[:,1],'ro')
    plt.plot(np.array(train_data2)[:,0], np.array(train_data2)[:,1],'bo')
    x_1 = []
    x_2 = []
    for i in range(-10,10):
```

```
    x_1.append(i)
    x_2.append((-weight[0]*i-bias)/weight[1])
plt.plot(x_1,x_2)
plt.show()
#返回训练结果，即模型的参数权重
return weight, bias
```

4. 实现单层感知机的预测

通过对上述的单层感知机模型进行训练后，确定了感知机的权重参数，下面可以根据感知机模型对输入数据进行分类。

```
#定义预测函数
def test():
    weight, bias = training()
    while True:
        test_data = []
        data = input("请输入测试数据样式为： x1，x2 :")
        if data == 'q':
            break
        test_data += [int(n) for n in data.split(',')]
        predict = sign(weight[0]*test_data[0] + weight[1]*test_
data[1] + bias)
        print("predict==>%d" %predict)


if __name__ == "__main__":
    test()
```

运行上述代码，结果如图 4.7 所示。

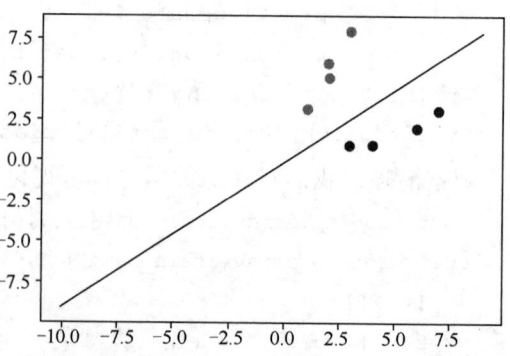

图4.7 感知机模型训练及可视化

运行后提示输入测试数据，随机输入 3、6，预测为 1 分类。

任务 4.4　理解激活函数的作用

【任务描述】

在神经元和感知机的学习中都涉及激活函数的概念，那么激活函数的作用到底是什么呢？激活函数有哪些呢？

本任务需要理解激活函数的作用，明白激活函数为什么对神经网络十分重要，了解激活函数的特点，初步认识常用的激活函数的类型。

【关键步骤】

（1）了解激活函数对神经网络的意义，根据推导来证明激活函数的重要作用。

（2）了解激活函数的特点，认识常见的几种激活函数。

4.4.1　激活函数的意义

激活函数（activation function），也称为激励函数。激活函数是神经元中非常重要的组成部分。

下面我们就来看看在深度学习的神经网络中，到底为什么要加入激活函数。

图 4.8 所示是带有一个隐藏层的神经网络结构，网络中输入层包含两个输入节点 x，隐藏层包含三个节点 h 和一个偏置 b，输出层包含一个输出节点 y 和一个偏置 b，这种传统的神经网络通常也叫作前馈神经网络。

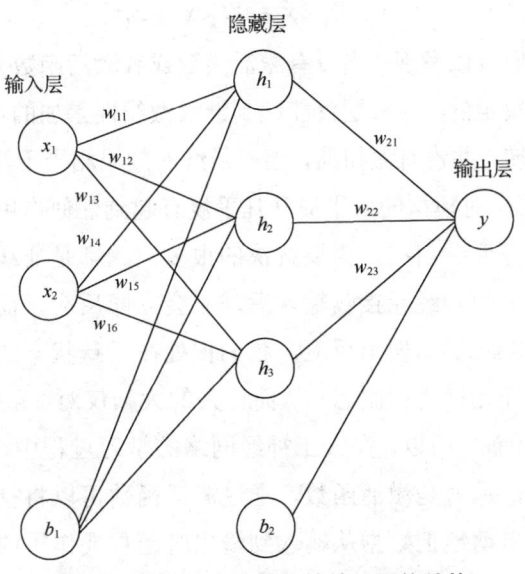

图4.8　带有一个隐藏层的神经网络结构

在前馈网络中，信息只单向移动——从输入层开始前向移动，通过隐藏层（如果有的话），再到输出层。下面我们先来简单地从输入层计算到输出层，尝试没有激活函数的情况下，观察输出与输入的关系。

首先是隐藏层接收输入，按前馈神经网络的计算方式：

$$h_1 = w_{11} \times x_1 + w_{14} \times x_2 + b_1$$
$$h_2 = w_{12} \times x_1 + w_{15} \times x_2 + b_1$$
$$h_3 = w_{13} \times x_1 + w_{16} \times x_2 + b_1$$

因为没有加入激活函数，所以隐藏层的输出与输入是一致的：

$$a_1 = h_1, \quad a_2 = h_2, \quad a_3 = h_3$$

那么最终的输出：

$$y = w_{21} \times a_1 + w_{22} \times a_2 + w_{23} \times a_3 + b_2$$

由前面已知方程代入可得

$$y = w_{21} \times (w_{11} \times x_1 + w_{14} \times x_2 + b_1) + w_{22} \times (w_{12} \times x_1 + w_{15} \times x_2 + b_1) +$$
$$w_{23} \times (w_{13} \times x_1 + w_{16} \times x_2 + b_1) + b_2$$
$$= w_{21} \times w_{11} \times x_1 + w_{21} \times w_{14} \times x_2 + w_{21} \times b_1 + w_{22} \times w_{12} \times x_1 + w_{22} \times w_{15} \times x_2 +$$
$$w_{22} \times b_1 + w_{23} \times w_{13} \times x_1 + w_{23} \times w_{16} \times x_2 + w_{23} \times b_1 + b_2$$
$$= (w_{21} \times w_{11} + w_{22} \times w_{12} + w_{23} \times w_{13}) \times x_1 + (w_{21} \times w_{14} + w_{22} \times w_{15} + w_{23} \times w_{16}) \times x_2 +$$
$$w_{21} \times b_1 + w_{22} \times b_1 + w_{23} \times b_1 + b_2$$

令

$$W_1 = w_{21} \times w_{11} + w_{22} \times w_{12} + w_{23} \times w_{13}$$
$$W_2 = w_{21} \times w_{14} + w_{22} \times w_{15} + w_{23} \times w_{16}$$
$$B_1 = w_{21} \times b_1 + w_{22} \times b_1 + w_{23} \times b_1 + b_2$$

整理得

$$y = W_1 \times x_1 + W_2 \times x_2 + B_1$$

计算到这里，我们可以发现，当没有激活函数或者激活函数为线性函数时，输出层完全是由输入层数据决定的，隐藏层仅能起到继续做线性累加的作用，对应到几何意义上只是在做平移和旋转，并没有做扭曲，因而最终的效果相当于没有隐藏层的单层感知机模型，"多个隐藏层"对模型的效果提升几乎没有起到任何作用，如图 4.9 所示。

而在机器学习和深度学习中，需要解决的很多问题都是非线性的问题。同时，在生物神经网络的研究中，神经元接收输入后，不会立即反应，而是会抑制输入，直到输入增强，强到可以触发输出做出反应。我们把处在活跃状态的神经元称为激活态，处在非活跃状态的神经元称为抑制态，从而让人的大脑仅对"重要"的信息做出反应，对"不重要"的信息无视。所以，在人工神经网络的学习过程中，也需要有能起到"神经抑制"作用的部分，那就是激活函数，通过激活函数可以将神经元自动划分为激活状态和抑制状态，它自动地把数据从输入到输出时起重要作用的神经元激活，无关紧要的神经元抑制，相当于起到了良好的特征提取的作用。

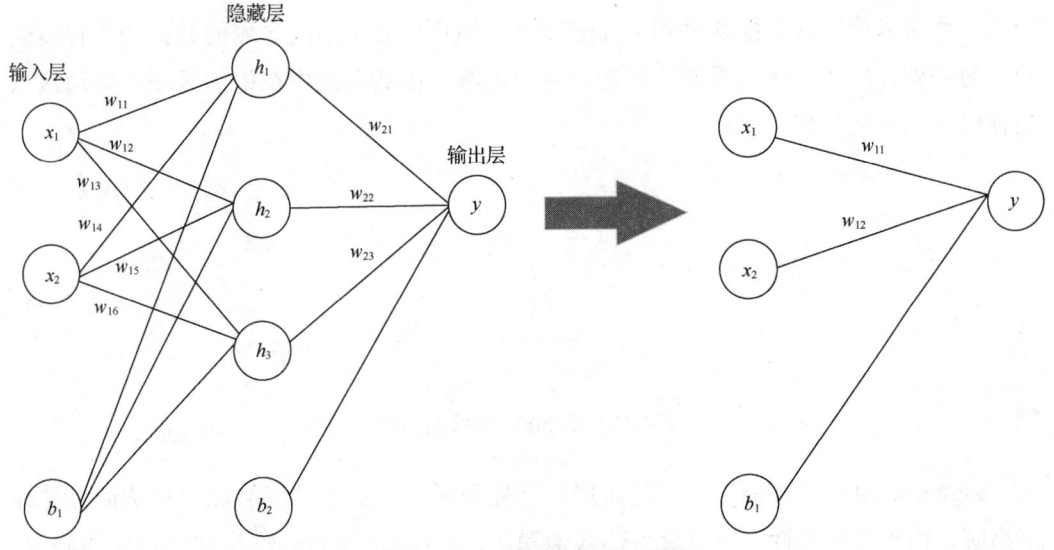

图4.9　无激活函数的神经网络

图 4.10 所示的右半球部分为激活函数，即在线性模型 $f(x) = wx + b$ 之后加入的非线性因素。

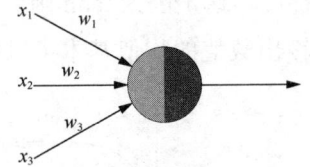

图4.10　右半球部分为激活函数

总之，通过激活函数的作用，神经网络将本来的线性关系映射为非线性关系，以此来处理复杂逻辑。非线性的激活函数能够让算法模型处理更加复杂的非线性问题，提高了算法模型的学习能力。

4.4.2　激活函数的种类

当前相关领域研究员或学者已经设计出了很多不同的激活函数，这些激活函数具有 3 个特点，首先激活函数是非线性的，其次激活函数几乎是处处可导的（可导的原因涉及训练神经网络的效率，因为当前训练模型基本采用的是基于梯度的优化算法，里面涉及微分运算，所以要满足可导性），最后为了保证模型简单，激活函数一般也是单调的。

下面我们介绍神经网络中经常用到的激活函数。

1．Sigmoid 函数

Sigmoid 函数是非常常用的激活函数。图 4.11 所示为 Sigmoid 函数的图像，Sigmoid

激活函数可以把输入数据映射到[0, 1]范围内，图像中处于中间区域的数据变化程度较两边的剧烈，因此，体现重要特征的神经元的激活函数会集中在中间区域，两边区域的神经元则会处于抑制状态。

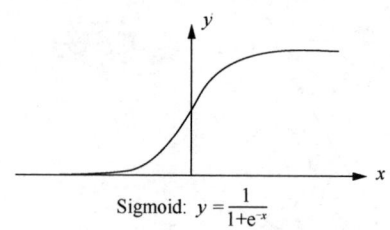

Sigmoid: $y = \dfrac{1}{1+e^{-x}}$

图4.11　Sigmoid函数的图像

Sigmoid 函数一般很少用在隐藏层，首先是因为在基于梯度的优化算法训练神经网络时，由于软饱和性，一旦输入落入饱和区，Sigmoid 函数会产生梯度消失的问题，其次通过 Sigmoid 函数处理的数据是一个非负数，这种情况会增加梯度的不稳定性。

2. tanh *函数*

图 4.12 所示为 tanh 函数的图像，它是把数据映射到[-1, 1]范围内，与 Sigmoid 函数相比，tanh 函数有更稳定的梯度，这是因为 tanh 函数输出的数据可以是负数，并且通过图像可以看出，tanh 函数输出数值的均值基本可以等于 0。

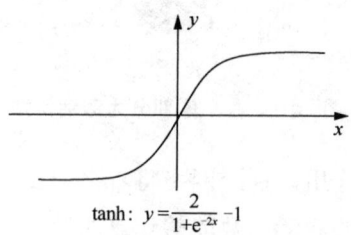

tanh: $y = \dfrac{2}{1+e^{-2x}} - 1$

图4.12　tanh函数的图像

但是 tanh 函数的导数区间是[0, 1]，比 Sigmoid 函数的导数区间大，因此使用优化算法求解的过程中，收敛速度比 Sigmoid 函数更快。同样，因为 tanh 函数的导数也是小于 1 的，因此在优化神经网络的时候也会遇到梯度消失的问题。

那么，当前在深度学习领域比较受欢迎的激活函数是什么呢？有这么一类激活函数被证明比较好用，这类激活函数的代表是 ReLU。ReLU 函数又被称为修正线性单元，是一种非对称的激活函数。

3. ReLU *函数*

ReLU 函数的表达式是：

$$f(x) = \max(0, x)$$

ReLU 函数的导数表达式是：

$$f'(x) = \begin{cases} 1, & x > 0 \\ 0, & x \leqslant 0 \end{cases}$$

ReLU 函数的图像如图 4.13 所示。

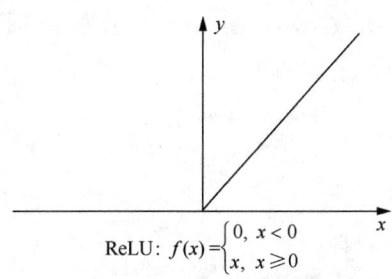

$$\text{ReLU}: f(x) = \begin{cases} 0, & x < 0 \\ x, & x \geqslant 0 \end{cases}$$

图4.13　ReLU函数的图像

与 Sigmoid 函数对比，ReLU 函数的特点如下。

➤ ReLU 函数有单侧抑制的特点。当输入小于 0 时，神经元处于抑制状态；当输入大于 0 时，神经元处于激活状态。

➤ ReLU 函数有宽阔的激活边界。对于 Sigmoid 函数来说，它的激活边界都集中到函数图像中间，但 ReLU 函数的边界宽阔得多，只要输入大于 0，神经元都处于激活状态。

➤ ReLU 函数有稀疏的激活性。对于其他激活函数，稀疏是 ReLU 函数的优点，无论是 Sigmoid 函数还是 tanh 函数都会把抑制状态的神经元映射为一个比较小的数值，这些数值依然会参与计算，从而导致计算量相对会大一些。但是 ReLU 函数会把抑制状态的神经元直接映射为 0，并且大于 0 的数值在经过 ReLU 函数后再进行求导，结果是 1，这个特点使得在实际应用中，它的收敛速度会远快于其他激活函数。

➤ ReLU 函数也有缺点，它主要的缺点是导致神经网络的训练在后期变得脆弱，主要原因是 ReLU 函数对抑制状态的处理太极端，导致后续的训练中，抑制状态神经元将不会参与后续运算。

4. Leaky ReLU 函数

Leaky ReLU 函数是 ReLU 函数的演进版本，它的出现弥补了 ReLU 函数的缺陷，Leaky ReLU 函数的表达式是：

$$f(x) = \begin{cases} ax, & x < 0 \\ x, & x \geqslant 0 \end{cases}$$

其中 a 是一个数值较小的常数，Leaky ReLU 函数的图像如图 4.14 所示。我们可以发现，Leaky ReLU 函数最主要的改变在小于 0 的抑制侧，原来的 ReLU

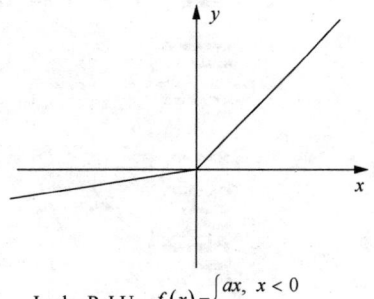

$$\text{Leaky ReLU}: f(x) = \begin{cases} ax, & x < 0 \\ x, & x \geqslant 0 \end{cases}$$

图4.14　Leaky ReLU函数的图像

函数直接把输入映射为 0，现在 Leaky ReLU 函数把输入映射为一个比较小的数值，这个改变能够有效地改善原来 ReLU 函数存在的问题。

前面介绍的激活函数都是比较常用的，除此之外还有大量的激活函数，我们可以通过网络搜集到很多的激活函数资料，图 4.15 所示为维基百科上的激活函数集合。这些激活函数不是必须掌握的，了解即可。

名称	函数图形	方程式	导数	区间
Softsign函数[1][2]		$f(x) = \dfrac{x}{1+\lvert x \rvert}$	$f'(x) = \dfrac{1}{(1+\lvert x \rvert)^2}$	$(-1,1)$
SoftPlus函数[10]		$f(x) = \ln(1+e^x)$	$f'(x) = \dfrac{1}{1+e^{-x}}$	$(0,+\infty)$
SoftExponential函数[13]		$f(\alpha,x) = \begin{cases} -\dfrac{\ln(1-\alpha(x+\alpha))}{\alpha} & \text{for } \alpha < 0 \\ x & \text{for } \alpha = 0 \\ \dfrac{e^{\alpha x}-1}{\alpha}+\alpha & \text{for } \alpha > 0 \end{cases}$	$f'(\alpha,x) = \begin{cases} \dfrac{1}{1-\alpha(\alpha+x)} & \text{for } \alpha < 0 \\ e^{\alpha x} & \text{for } \alpha \ge 0 \end{cases}$	$(-\infty,+\infty)$
Sinc函数		$f(x) = \begin{cases} 1 & \text{for } x = 0 \\ \dfrac{\sin(x)}{x} & \text{for } x \ne 0 \end{cases}$	$f'(x) = \begin{cases} 0 & \text{for } x = 0 \\ \dfrac{\cos(x)}{x} - \dfrac{\sin(x)}{x^2} & \text{for } x \ne 0 \end{cases}$	$[\approx -.217234, 1]$
Sigmoid-weighted linear unit (SILU)[11] (也被称为 Swish[12])		$f(x) = x \cdot \sigma(x)$[4]	$f'(x) = f(x) + \sigma(x)(1-f(x))$[5]	$[\approx -0.28, +\infty)$
S 型线性整流激活函数 (SReLU)[8]		$f_{t_l,a_l,t_r,a_r}(x) = \begin{cases} t_l + a_l(x-t_l) & \text{for } x \le t_l \\ x & \text{for } t_l < x < t_r \\ t_r + a_r(x-t_r) & \text{for } x \ge t_r \end{cases}$ t_l, a_l, t_r, a_r are parameters.	$f'_{t_l,a_l,t_r,a_r}(x) = \begin{cases} a_l & \text{for } x \le t_l \\ 1 & \text{for } t_l < x < t_r \\ a_r & \text{for } x \ge t_r \end{cases}$	$(-\infty,+\infty)$
自适应分段线性函数(APL)[9]		$f(x) = \max(0,x) + \sum\limits_{s=1}^{S} a_i^s \max(0, -x+b_i^s)$	$f'(x) = H(x) - \sum\limits_{s=1}^{S} a_i^s H(-x+b_i^s)$[3]	$(-\infty,+\infty)$
指数线性函数 (ELU)[6]		$f(\alpha,x) = \begin{cases} \alpha(e^x-1) & \text{for } x < 0 \\ x & \text{for } x \ge 0 \end{cases}$	$f'(\alpha,x) = \begin{cases} f(\alpha,x)+\alpha & \text{for } x < 0 \\ 1 & \text{for } x \ge 0 \end{cases}$	$(-\alpha,+\infty)$
正弦函数		$f(x) = \sin(x)$	$f'(x) = \cos(x)$	$[-1,1]$
线性整流函数 (ReLU)		$f(x) = \begin{cases} 0 & \text{for } x < 0 \\ x & \text{for } x \ge 0 \end{cases}$	$f'(x) = \begin{cases} 0 & \text{for } x < 0 \\ 1 & \text{for } x \ge 0 \end{cases}$	$[0,+\infty)$
弯曲恒等函数		$f(x) = \dfrac{\sqrt{x^2+1}-1}{2} + x$	$f'(x) = \dfrac{x}{2\sqrt{x^2+1}} + 1$	$(-\infty,+\infty)$
双曲正切函数		$f(x) = \tanh(x) = \dfrac{(e^x - e^{-x})}{(e^x + e^{-x})}$	$f'(x) = 1 - f(x)^2$	$(-1,1)$
逻辑函数 (也被称为S函数)		$f(x) = \sigma(x) = \dfrac{1}{1+e^{-x}}$[1]	$f'(x) = f(x)(1-f(x))$	$(0,1)$
扩展指数线性函数(SELU)[7]		$f(\alpha,x) = \lambda \begin{cases} \alpha(e^x-1) & \text{for } x < 0 \\ x & \text{for } x \ge 0 \end{cases}$ with $\lambda = 1.0507$ and $\alpha = 1.67326$	$f'(\alpha,x) = \lambda \begin{cases} \alpha(e^x) & \text{for } x < 0 \\ 1 & \text{for } x \ge 0 \end{cases}$	$(-\lambda\alpha,+\infty)$
恒等函数		$f(x) = x$	$f'(x) = 1$	$(-\infty,+\infty)$
高斯函数		$f(x) = e^{-x^2}$	$f'(x) = -2xe^{-x^2}$	$(0,1]$
反正切函数		$f(x) = \tan^{-1}(x)$	$f'(x) = \dfrac{1}{x^2+1}$	$\left(-\dfrac{\pi}{2}, \dfrac{\pi}{2}\right)$
反平方根线性函数(ISRLU)[3]		$f(x) = \begin{cases} \dfrac{x}{\sqrt{1+\alpha x^2}} & \text{for } x < 0 \\ x & \text{for } x \ge 0 \end{cases}$	$f'(x) = \begin{cases} \left(\dfrac{1}{\sqrt{1+\alpha x^2}}\right)^3 & \text{for } x < 0 \\ 1 & \text{for } x \ge 0 \end{cases}$	$\left(-\dfrac{1}{\sqrt{\alpha}},+\infty\right)$
反平方根函数 (ISRU)[3]		$f(x) = \dfrac{x}{\sqrt{1+\alpha x^2}}$	$f'(x) = \left(\dfrac{1}{\sqrt{1+\alpha x^2}}\right)^3$	$\left(-\dfrac{1}{\sqrt{\alpha}}, \dfrac{1}{\sqrt{\alpha}}\right)$
单位阶跃函数		$f(x) = \begin{cases} 0 & \text{for } x < 0 \\ 1 & \text{for } x \ge 0 \end{cases}$	$f'(x) = \begin{cases} 0 & \text{for } x \ne 0 \\ ? & \text{for } x = 0 \end{cases}$	$\{0,1\}$
带泄露线性整流函数(Leaky ReLU)		$f(x) = \begin{cases} 0.01x & \text{for } x < 0 \\ x & \text{for } x \ge 0 \end{cases}$	$f'(x) = \begin{cases} 0.01 & \text{for } x < 0 \\ 1 & \text{for } x \ge 0 \end{cases}$	$(-\infty,+\infty)$
带泄露随机线性整流函数(RReLU)[5]		$f(\alpha,x) = \begin{cases} \alpha x & \text{for } x < 0 \\ x & \text{for } x \ge 0 \end{cases}$[2]	$f'(\alpha,x) = \begin{cases} \alpha & \text{for } x < 0 \\ 1 & \text{for } x \ge 0 \end{cases}$	$(-\infty,+\infty)$
参数化线性整流函数(PReLU)[4]		$f(\alpha,x) = \begin{cases} \alpha x & \text{for } x < 0 \\ x & \text{for } x \ge 0 \end{cases}$	$f'(\alpha,x) = \begin{cases} \alpha & \text{for } x < 0 \\ 1 & \text{for } x \ge 0 \end{cases}$	$(-\infty,+\infty)$

图4.15 激活函数

图 4.16 所示是输入为多个变量的激活函数。

名称	方程式	导数	区间
Softmax函数	$f_i(\vec{x}) = \dfrac{e^{x_i}}{\sum_{j=1}^{J} e^{x_j}}$ for $i = 1, ..., J$	$\dfrac{\partial f_i(\vec{x})}{\partial x_j} = f_i(\vec{x})(\delta_{ij} - f_j(\vec{x}))$ [6]	$(0, 1)$
Maxout函数	$f(\vec{x}) = \max_i x_i$	$\dfrac{\partial f}{\partial x_j} = \begin{cases} 1 & \text{for } j = \underset{i}{\operatorname{argmax}}\, x_i \\ 0 & \text{for } j \neq \underset{i}{\operatorname{argmax}}\, x_i \end{cases}$	$(-\infty, +\infty)$

图4.16　输入为多个变量的激活函数

本章小结

➢ 神经网络的组成包括神经元、激活函数、网络连接结构、损失函数。

➢ 人工神经元受生物神经元启发设计而成，数学表达主要包括线性部分计算与激活函数非线性部分计算。

➢ 激活函数是神经网络学习复杂知识的关键，它让神经网络具备了更强的表达与学习能力，常用的激活函数有 Sigmoid、ReLU 等。

本章习题

简答题

（1）简述激活函数的作用。

（2）简述全连接神经网络的结构模型。

（3）简述损失函数的作用和种类。

第 5 章

反向传播原理

技能目标

➢ 理解人工神经网络如何计算输出。

➢ 掌握反向传播原理。

➢ 能够使用 Python 实现反向传播算法。

本章任务

通过学习本章，读者需要完成以下 3 个任务。读者在学习过程中遇到的问题，可以通过访问课工场官网解决。

任务 5.1　计算神经网络的输出。

任务 5.2　掌握反向传播算法。

任务 5.3　使用 Python 实现反向传播算法。

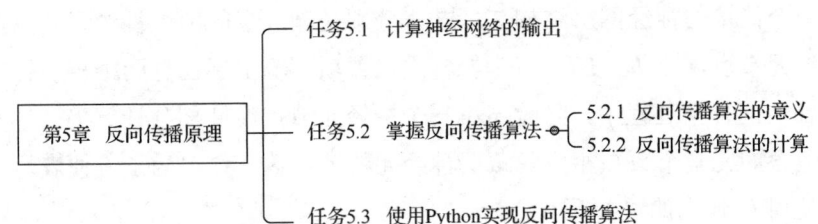

神经网络的计算主要有两种算法，分别是前向传播（forward propagation，FP）算法与反向传播（backward propagation，BP）算法，通过这两种算法可以训练神经网络求取最优解。神经网络在求解的过程中其实就是不断地调整网络中的权重与偏置参数的过程。

本章先讲解前向传播，再逐步深入讲解反向传播，最后将使用 Python 实现反向传播算法。

任务 5.1 计算神经网络的输出

【任务描述】

前向传播是非常容易理解的，计算方式很像中学学习的函数，是从左至右依次计算的过程，但要注意计算的时候需要考虑相连的神经元节点与偏置项的加和计算。

本任务需要理解并推导前向传播和反向传播的过程，还要学会如何计算神经网络每一层的输出，并计算出最终输出。

【关键步骤】

（1）了解从输入层计算到输出层的前向传播思想。

（2）掌握每一层神经元节点输出的计算方法。

在第 4 章中我们学习了一种简单的神经网络结构——全连接神经网络。这种神经网络的神经元从输入层开始，接收前一级输入，并将其输出到后一级，直至最后的输出层。由于数据是一层一层从输入层至输出层传递的，因此它属于前馈神经网络中最简单的一种。

接下来通过图 5.1 所示的含一层隐藏层的神经网络结构，分析如何进行神经网络的前向传播计算。

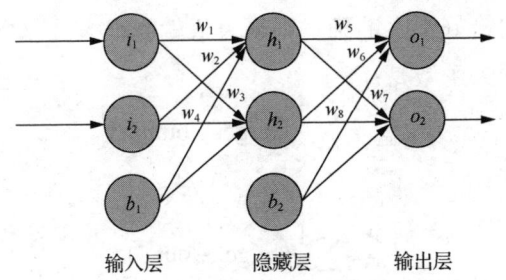

图5.1　含一层隐藏层的神经网络结构

这是一个简单的神经网络结构，i_1 与 i_2 分别是输入层的两个神经元节点，隐藏层有两个神经元节点，即 h_1 与 h_2，b_1 与 b_2 是偏置项，输出层也有两个神经元节点，即 o_1 与 o_2。在前向传播过程中，隐藏层第一个神经元节点线性部分计算为（b_1 实际为数组，里面包含的元素个数与相应隐藏层神经元的节点数一致，为了方便表示，接下来我们都将使用 b_1 代表偏置参数）：

$$l_{h1} = w_1 \times i_1 + w_2 \times i_2 + b_1$$

第二个神经元节点线性部分计算为：

$$l_{h2} = w_3 \times i_1 + w_4 \times i_2 + b_1$$

假设激活函数为 Sigmoid，那么隐藏层第一个节点输出为：

$$\text{out}_{h1} = \frac{1}{1 + e^{-l_{h1}}}$$

同理，隐藏层第二个节点输出为：

$$\text{out}_{h2} = \frac{1}{1 + e^{-l_{h2}}}$$

输出层 o_1 节点线性部分计算为：

$$l_{o1} = w_5 \times \text{out}_{h1} + w_6 \times \text{out}_{h2} + b_2$$

同理：

$$l_{o2} = w_7 \times \text{out}_{h1} + w_8 \times \text{out}_{h2} + b_2$$

假设网络输出层使用函数 Sigmoid，那么整个网络的前向传播输出为：

$$\text{out}_{o1} = \frac{1}{1 + e^{-l_{o1}}}$$

$$\text{out}_{o2} = \frac{1}{1 + e^{-l_{o2}}}$$

至此，这个简单的神经网络已经完成前向传播计算。可见，整个过程还是非常简单的，基本都只使用了加减乘除运算，激活函数部分套用其函数代入自变量即可。前向传播的计算是为了将样本数据输入神经网络，将神经网络的权重和偏置设定初始化信息，从而利用神经网络的初始权重与偏置共同计算出理论的输出，即预测结果。将计算结果与我们设定的真实标签做比较，这时会出现误差，这个误差就是损失函数中提及的损失值。如果随机初始化的参数与偏置比较准确，则这个损失值是不大的；如果初始化的参数与偏置恰好不太准确，则损失值就会很大。

假设统计误差的损失函数是：

$$E_{\text{total}} = \sum \frac{1}{2} \left(\text{target} - \text{output} \right)^2$$

则有：

$$E_{o1} = \sum \frac{1}{2} \left(\text{target} - \text{out}_{o1} \right)^2$$

$$E_{o2} = \sum \frac{1}{2}\left(\text{target} - \text{out}_{o2}\right)^2$$

$$E_{\text{total}} = E_{o1} + E_{o2}$$

有了这个损失函数和通过前向计算得到的误差值及初始化参数和权重，我们就可以利用一些算法对之前设定的随机参数进行微调，让整个神经网络的计算结果与真实标签的差距变小。那么，哪种算法能够达到这个目的呢？这就是著名的反向传播算法。

任务 5.2　掌握反向传播算法

【任务描述】

理解反向传播算法的数学思想，了解反向传播算法的具体计算方式，明确反向传播算法的意义。

【关键步骤】

（1）理解反向传播算法的意义。

（2）了解反向传播算法的数学思想，掌握求导法则与链式法则，对复合函数求偏导。

（3）推导反向传播算法的计算过程。

5.2.1　反向传播算法的意义

神经网络经过前向传播的计算，最终得到了误差值，并且构造了损失函数来描述误差，那么如何使用损失函数优化前面的网络模型参数呢？这里就使用到了反向传播算法。在开始学习反向传播算法之前，我们先给出该算法的本质——对链式法则的巧妙运用。反向传播算法中包含链式法则与梯度下降，利用微分的链式法则，将误差一步步由神经网络输出层向输入层进行传递，再利用梯度下降算法计算每个神经元的权重参数对损失的影响并调整参数的大小。这就是反向传播算法的大体思路。

具体的链式法则的资料可以查阅高等数学课本。这里进行简单回顾。链式法则是微积分的求导法则，用于求一个复合函数的导数，是在微积分的求导运算中一种常用的方法。假设有三个函数 f、x 和 y，其中 f 是 x 的函数，x 是 y 的函数，那么 f 相对于 y 的导数等于 f 相对于 x 的导数和 x 相对于 y 的导数的乘积，用公式表示如下：

$$\frac{\mathrm{d}f}{\mathrm{d}y} = \frac{\mathrm{d}f}{\mathrm{d}x}\frac{\mathrm{d}x}{\mathrm{d}y}$$

5.2.2　反向传播算法的计算

接下来我们使用一个简单的神经网络，将输入、输出、权重、偏置都赋予实数值来演示反向传播的过程，具体实数赋值如图 5.2 所示。

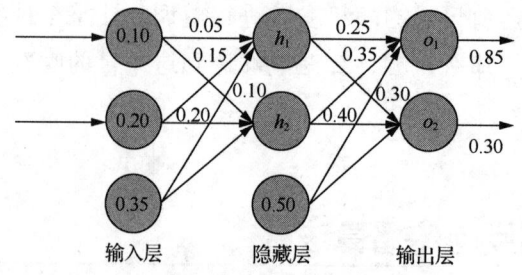

图5.2　赋予参数实数值的神经网络

我们将输入赋值 0.10 与 0.20，隐藏层权重为 0.05、0.15、0.10、0.20，偏置为 0.35（为了方便计算，偏置为元素相同的数组，初始实际形状为[0.35，0.35]），输出层权重为 0.25、0.35、0.30、0.40，偏置为 0.50。最终赋值输出为 0.85、0.30，需要注意的是，这个输出是预设好的标签，通俗地讲，我们希望输入 0.10 与 0.20 后，通过神经网络计算后最终输出为 0.85 与 0.30。通过 5.1 节的前向传播，我们得到了前向传播中各个节点的计算公式，将实数代入公式，可以得到隐藏层第一个节点线性部分：

$$l_{h1} = 0.05 \times 0.10 + 0.15 \times 0.20 + 0.35 = 0.385$$

隐藏层第二个节点线性部分：

$$l_{h2} = 0.10 \times 0.10 + 0.20 \times 0.20 + 0.35 = 0.400$$

隐藏层第一个节点输出：

$$\text{out}_{h1} = \frac{1}{1 + e^{-0.385}} = 0.595078474$$

隐藏层第二个节点输出：

$$\text{out}_{h2} = \frac{1}{1 + e^{-0.4}} = 0.598687660$$

同理，输出层第一个节点线性部分：

$$l_{o1} = 0.25 \times 0.595078474 + 0.35 \times 0.598687660 + 0.50 = 0.8583102995$$

输出层第二个节点线性部分：

$$l_{o2} = 0.30 \times 0.595078474 + 0.40 \times 0.598687660 + 0.50 = 0.9179986062$$

输出层第一个输出：

$$\text{out}_{o1} = \frac{1}{1 + e^{-0.8583102995}} = 0.702307507$$

输出层第二个输出：

$$\text{out}_{o2} = \frac{1}{1 + e^{-0.9179986062}} = 0.714634132$$

损失函数计算结果：

$$E_{o1} = \sum \frac{1}{2}(0.85 - 0.702307507)^2 = 0.010906536$$

$$E_{o2} = \sum \frac{1}{2}(0.30 - 0.714634132)^2 = 0.085960731$$

$$E_{\text{total}} = 0.010906536 + 0.085960731 = 0.096867267$$

至此，可以看到总误差的数值，那么接下来进行反向传播算法，如图 5.3 所示。

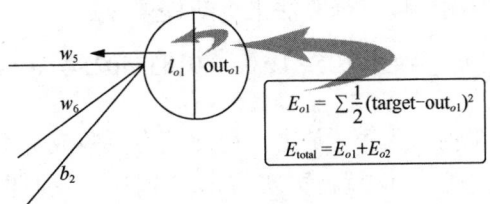

图5.3 反向传播示意

对于权重参数 w_5 来说，如果想知道它的变化对损失函数的影响有多大，是根据总损失函数反馈到 out_{o1}，然后由 out_{o1} 反馈到 l_{o1}，最后由 l_{o1} 反馈到 w_5，那么对其求偏导并且根据链式法则有：

$$\frac{\partial E_{\text{total}}}{\partial w_5} = \frac{\partial E_{\text{total}}}{\partial \text{out}_{o1}} \times \frac{\partial \text{out}_{o1}}{\partial l_{o1}} \times \frac{\partial l_{o1}}{\partial w_5}$$

首先损失函数 E_{total}：

$$E_{\text{total}} = \frac{1}{2}(0.85 - \text{out}_{o1})^2 + \frac{1}{2}(0.3 - \text{out}_{o2})^2$$

根据求导公式，损失函数 E_{total} 对 out_{o1} 求偏导，计算 $\frac{\partial E_{\text{total}}}{\partial \text{out}_{o1}}$ 得：

$$\frac{\partial E_{\text{total}}}{\partial \text{out}_{o1}} = 2 \times \frac{1}{2}(0.85 - \text{out}_{o1})^{2-1} \times (-1) = 0.702307507 - 0.85 = -0.147692493$$

接着计算 $\frac{\partial \text{out}_{o1}}{\partial l_{o1}}$：

$$\text{out}_{o1} = \frac{1}{1 + e^{-l_{o1}}}$$

这里是对 Sigmoid 函数进行求导，我们具体可以通过配项推导 Sigmoid 导数，此处省略推导过程：

$$\frac{\partial \text{out}_{o1}}{\partial l_{o1}} = \text{out}_{o1} \times (1 - \text{out}_{o1}) = 0.702307507 \times (1 - 0.702307507) \approx 0.209071672$$

接着计算 $\frac{\partial l_{o1}}{\partial w_5}$：

$$l_{o1} = w_5 \times \text{out}_{h1} + w_6 \times \text{out}_{h2} + b_2$$

$$\frac{\partial l_{o1}}{\partial w_5} = \text{out}_{h1} \times w_5^{1-1} + 0 + 0 = 0.595078474$$

最后上面 3 项相乘得出 $\dfrac{\partial E_{\text{total}}}{\partial w_5}$：

$$\frac{\partial E_{\text{total}}}{\partial w_5} = \frac{\partial E_{\text{total}}}{\partial \text{out}_{o1}} \times \frac{\partial \text{out}_{o1}}{\partial l_{o1}} \times \frac{\partial l_{o1}}{\partial w_5} = -0.147692493 \times 0.209071672 \times 0.595078474$$

$$= -0.018375021$$

至此，我们可以根据梯度下降算法来更新权重 w_5：

$$w_5^+ = w_5 - \eta \frac{\partial E_{\text{total}}}{\partial w_5} = 0.25 - 1 \times (-0.018375021) = 0.268375021$$

其中，η 是梯度下降的学习率，是由工程师凭借经验或者不断尝试而确定的数值，上面设置为 1。计算完毕后，w_5 就被更新为 w_5^+。同理，我们也可以将 w_6、w_7、w_8 更新完成。当我们使用更新完之后的参数代入神经网络计算时，会发现最终的输出与真实的输出更接近了。这就是梯度下降算法在反向传播中的作用。

对于隐藏层，更新权重时，例如更新 w_1，使用的方法基本与前文更新 w_5 是一致的，从 out_{o1}、l_{o1}、w_5 三处分别求偏导再求其乘积，但有区别的是，更新 w_1 时，损失函数传递方式来源于 E_{o1} 与 E_{o2} 两个方向传过来的误差损失，如图 5.4 所示。

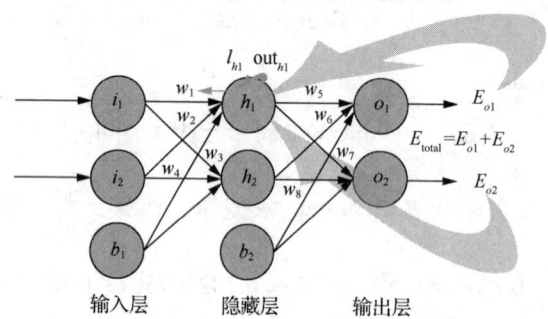

图5.4 反向传播更新隐藏层参数

那么就有损失函数对权重 w_1 求偏导：

$$\frac{\partial E_{\text{total}}}{\partial w_1} = \frac{\partial E_{\text{total}}}{\partial \text{out}_{h1}} \times \frac{\partial \text{out}_{h1}}{\partial l_{h1}} \times \frac{\partial l_{h1}}{\partial w_1}$$

由图 5.4 中的传递方式可以看出，out_{h1} 会接收由 E_{o1} 与 E_{o2} 两个地方传来的误差损失。那么，$\dfrac{\partial E_{\text{total}}}{\partial \text{out}_{h1}}$ 可以拆为：

$$\frac{\partial E_{\text{total}}}{\partial \text{out}_{h1}} = \frac{\partial E_{o1}}{\partial \text{out}_{h1}} + \frac{\partial E_{o2}}{\partial \text{out}_{h1}}$$

其中上述公式的第一项 $\dfrac{\partial E_{o1}}{\partial \text{out}_{h1}}$，利用链式法则将隐藏层与输出层连接起来计算：

$$\frac{\partial E_{o1}}{\partial \text{out}_{h1}} = \frac{\partial E_{o1}}{\partial l_{o1}} \times \frac{\partial l_{o1}}{\partial \text{out}_{h1}}$$

其中：

$$\frac{\partial E_{o1}}{\partial l_{o1}} = \frac{\partial E_{o1}}{\partial \text{out}_{o1}} \times \frac{\partial \text{out}_{o1}}{\partial l_{o1}} = -0.147692493 \times 0.209071672 \approx -0.030878316$$

接着：

$$l_{o1} = w_5 \times \text{out}_{h1} + w_6 \times \text{out}_{h2} + b_2$$

$$\frac{\partial l_{o1}}{\partial \text{out}_{h1}} = w_5 = 0.25$$

所以：

$$\frac{\partial E_{o1}}{\partial \text{out}_{h1}} = \frac{\partial E_{o1}}{\partial l_{o1}} \times \frac{\partial l_{o1}}{\partial \text{out}_{h1}} = -0.030878316 \times 0.25 = -0.007719579$$

同样，我们可以计算出：

$$\frac{\partial E_{o2}}{\partial \text{out}_{h1}} = 0.025367174$$

那么，损失函数对权重 w_1 求偏导的第一部分计算完成：

$$\frac{\partial E_{\text{total}}}{\partial \text{out}_{h1}} = \frac{\partial E_{o1}}{\partial \text{out}_{h1}} + \frac{\partial E_{o2}}{\partial \text{out}_{h1}} = -0.007719579 + 0.025367174 = 0.017647595$$

在这之后我们计算第二部分 $\frac{\partial \text{out}_{h1}}{\partial l_{h1}}$：

$$\text{out}_{h1} = \frac{1}{1 + e^{-l_{h1}}}$$

损失函数对权重 w_1 求偏导的第二部分计算完成：

$$\frac{\partial \text{out}_{h1}}{\partial l_{h1}} = \text{out}_{h1}(1 - \text{out}_{h1}) = 0.595078474 \times (1 - 0.595078474) = 0.240960084$$

然后计算第三部分 $\frac{\partial l_{h1}}{\partial w_1}$：

$$l_{h1} = w_1 \times i_1 + w_2 \times i_2 + b_1$$

损失函数对权重 w_1 求偏导的第三部分计算完成：

$$\frac{\partial l_{h1}}{\partial w_1} = i_1 = 0.1$$

最终三项相乘：

$$\frac{\partial E_{\text{total}}}{\partial w_1} = \frac{\partial E_{\text{total}}}{\partial \text{out}_{h1}} \times \frac{\partial \text{out}_{h1}}{\partial l_{h1}} \times \frac{\partial l_{h1}}{\partial w_1}$$

$$= 0.017647595 \times 0.240960084 \times 0.1 = 0.000425237$$

最后梯度下降算法更新权重 w_1：

$$w_1^+ = w_1 - \eta \frac{\partial E_{\text{total}}}{\partial w_1} = 0.05 - 1 \times 0.000425237 = 0.049574763$$

同理，也可以将权重 w_2、w_3、w_4 更新完成，最后将更新完的所有参数全部代入神经网络重新计算，得出新的输出，然后根据损失函数、反向传播、梯度下降不停地迭代更新参数，最终理论上输出的结果会无限接近真实结果，那么这一组权重与偏置参数就会变得非常有价值。本节的反向传播理论推导都是基于简单的实数，并且网络结构简单，目的是理解神经网络的工作过程。在真实的环境中都是使用矩阵批量计算的，并且已经有很多深度学习工具帮我们实现计算过程，我们只要学会调用对应的函数就能便捷地完成计算过程。

任务 5.3　使用 Python 实现反向传播算法

【任务描述】

使用 Python 实现含有一个隐藏层神经网络的构建，通过使用梯度下降法更新权重来训练神经网络，使用矩阵和运算实现反向传播，最终实现对神经网络参数的更新。

【关键步骤】

（1）使用 Python 编写神经网络中使用的激活函数等必要部分。

（2）使用 Python 搭建普通的神经网络完成前向传播计算。

（3）使用 Python 完成反向传播和梯度下降更新参数。

（4）对于训练完的网络进行前向传播，并对新数据进行预测。

在一些成熟的框架中反向传播已经被高效地实现了，因此在应用环境中我们不用手动编写程序去完成反向传播的具体过程。但是在初学阶段，用原生 Python 实现神经网络前向传播与反向传播的过程非常有助于我们理解。

下面我们以实现"异或功能"神经网络为例，利用 Python 实现前向计算和反向传播。该神经网络包含 2 个节点的输入层、5 个节点的隐藏层和 1 个节点的输出层。程序中每一部分代码都做了中文注释，我们将详细讲解每个步骤的实现过程。

示例中使用了 Python 3 以上版本，还用到了 Python 标准库 math、random，以及第三方科学计算库 NumPy。

1. 导入必要的库

因为不借助第三方软件工具实现，因此矩阵的运算我们都是用 Python 列表实现的，同时计算过程中用到了激活函数等，所以 math 库也是非常必要的。计算过程中也使用到了随机数，因此导入 random 标准库。

```
#导入必要的库
import math
import random
```

```
import numpy as np
#使用随机数种子，同一参数生成随机数相同，方便多次测试校对结果
random.seed(0)
```

2. 编写神经网络工具函数

接下来开始编写整个神经网络工具函数，如初始化作用的随机数函数、构建初始矩阵函数、激活函数 Sigmoid、激活函数求导函数。

```
def rand(a, b):    #产生 a～b 区间的随机小数，随机初始化各参数时使用
    """产生 a 与 b 之间的随机小数"""
    return (b - a) * random.random() + a
def make_matrix(m, n, fill=0.0):    #构建 m×n 的初始矩阵，元素值全为 0.0
    """构建 m×n 的矩阵，初始化元素值 0.0"""
    mat = []
    for i in range(m):
        mat.append([fill] * n)
    return mat
#激活函数 Sigmoid
def Sigmoid(x):
    """Sigmoid 激活函数"""
    return 1.0 / (1.0 + math.exp(-x))
#激活函数求导
def sigmod_derivate(x):
    """激活函数导数"""
    return x * (1 - x)
```

3. 前向传播网络的搭建

接下来开始前向传播网络的搭建，为函数设置一个参数，即传入的样本数据的输入，因为只是前向传播，因此不需要放入样本标签，此函数的功能是完成神经网络每层及每个神经元节点的计算，在这里我们设计较为通用的神经网络计算过程，每层的节点数目会在函数执行前定义。函数返回值为最终神经网络前向传播计算值。

```
# input_n 为输入层节点数，该变量可视为超参数，在执行程序时进行赋值
def feedforward(inputs):
    """神经网络前向传播计算过程，传入样本输入"""
    for i in range(input_n):
        input_cells[i] = inputs[i]
    # 隐藏层节点计算，先计算输入矩阵与权重参数乘积，再通过激活函数进行映射
    for j in range(hidden_n):
        total = 0.0
        for i in range(input_n):
            total += input_cells[i] * input_weights[i][j]
        hidden_cells[j] = Sigmoid(total)
```

```python
# 输出层节点计算，先计算隐藏层矩阵与权重参数乘积，再通过激活函数进行映射
for k in range(output_n):
    total = 0.0
    for j in range(hidden_n):
        total += hidden_cells[j] * output_weights[j][k]
    output_cells[k] = Sigmoid(total)
return output_cells[:]
```

4. 反向传播算法的编写

反向传播算法以前向传播为前提，因此在函数内调用了前面已经定义的前向传播函数 feedforward()，函数的参数为传入的样本输入、样本标签、学习率。

```python
#反向传播更新神经网络过程
def back_propagate(case, label, learn):
    """反向传播计算过程，参数为单个样本输入、标签值、学习率，返回值为全局误差"""
    # 前向传播计算神经网络输出值
    feedforward(case)
    # 计算输出层误差梯度，损失函数使用 MSE 均方误差，error 为损失函数对输出的导数
    output_deltas = [0.0] * output_n
    for o in range(output_n):
        error = output_cells[o] - label[o]
        output_deltas[o] = sigmod_derivate(output_cells[o]) * error
    # 计算隐藏层误差梯度
    hidden_deltas = [0.0] * hidden_n
    for h in range(hidden_n):
        error = 0.0
        for o in range(output_n):
            error += output_deltas[o] * output_weights[h][o]
        hidden_deltas[h] = sigmod_derivate(hidden_cells[h]) * error
    # 更新输出层权重参数，为了加快学习的效率，我们引入矫正矩阵的机制，
    # 矫正矩阵记录上一次反向传播过程中的梯度，并且每次更新加上上一次梯度的影响
    for h in range(hidden_n):
        for o in range(output_n):
            change = output_deltas[o] * hidden_cells[h]
            output_weights[h][o] -= learn * change + output_correction[h][o]
            output_correction[h][o] = change
    # 更新输入层（输入与隐藏层之间）权重参数
    for i in range(input_n):
        for h in range(hidden_n):
            change = hidden_deltas[h] * input_cells[i]
            input_weights[i][h] += learn * change + input_
```

```
correction[i][h]
            input_correction[i][h] = change
    # 计算全局误差并返回
        error = 0.0
        for o in range(len(label)):
            error += 0.5 * (label[o] - output_cells[o]) ** 2
        return error
```

至此，我们已经设计好了神经网络的前向传播与反向传播更新参数的方法，接下来就该定义训练神经网络的过程了。

5. 训练神经网络

训练神经网络的思想也是比较容易理解的，一般来说就是通过多次迭代前向计算和反向传播算法，利用梯度下降调整神经网络的参数，直到得到的参数合适为止。在训练过程中，默认训练 10000 轮，每轮都迭代完所有的数据样本进行训练。每训练 1000 轮输出一次模型在样本上的整体损失。

```
#训练神经网络函数
def  train(cases, labels, limit=10000, learn=0.05):
    """cases 是全部训练样本数据，labels 是训练输出样本数据，
    limit 是训练迭代次数，learn 是学习率"""
    for i in range(limit):
        error = 0.0
        for j in range(len(cases)):
            label = labels[j]
            case = cases[j]
            error += back_propagate(case, label, learn)
        if i %1000 == 0:
            print("当前模型在所有样本上误差为: ",error)
```

定义完训练过程后，接着定义预测函数，我们先将数据样本集传入，固定训练 10000 轮，学习率为 0.05。

```
#前向传播预测过程
def  predict(cases, labels):
    train(cases, labels, 10000, 0.05)
    for case in cases:
        print("训练后的网络预测样本{}标签为:{}".format(case,feedforward(case)))
```

6. 代码入口设定

下面是代码入口，在入口中先定义神经网络中用到的变量，我们设定了一个数据样本，每组数据有两个输入，当两个输入相同时，它的标签是 0，当两个输入不同时，它的标签为 1，通过训练，我们想让神经网络学习到这种映射关系。

```
if __name__=='__main__':
    #数据样本构造
    cases = [[0, 0], [1, 0], [0, 1], [1, 1]]
    labels = [[0], [1], [1], [0]]
    #构建的神经网络为2个输入节点，5个隐藏节点，1个输出节点
    layersizes = [2,5,1]
    input_n = layersizes[0]
    hidden_n = layersizes[1]
    output_n = layersizes[2]
    input_cells = [1.0] * input_n
    hidden_cells = [1.0] * hidden_n
    output_cells = [1.0] * output_n
    #定义神经网络中的权重参数
    input_weights = make_matrix(input_n, hidden_n)
    output_weights = make_matrix(hidden_n, output_n)
    # 随机初始化权重参数
    for i in range(input_n):
        for h in range(hidden_n):
            input_weights[i][h] = rand(-0.2, 0.2)
        for h in range(hidden_n):
            for o in range(output_n):
                output_weights[h][o] = rand(-2.0, 2.0)
    # 初始化校正矩阵
    input_correction = make_matrix(input_n, hidden_n)
    output_correction = make_matrix(hidden_n, output_n)
    #执行训练与预测过程
    predict(cases,labels)
```

图 5.5 所示为 Python 神经网络反向传播实验结果，训练 1000 轮后输出每一次当前的总体误差，可以看到每次误差都比上一次小，最后几轮更是趋近于 0。通过测试最终调整完参数的模型后，可以看到模型的输出已经非常趋近于设定的标签值，当输入测试的样本为[0, 0]时，输出约为 0.0197；当输入测试的样本为[1, 0]时，预测值约为 0.9832。可以说，这个结果已经基本学习到异或这种映射的规律。

```
当前模型在所有样本上误差为：0.7356350463461359
当前模型在所有样本上误差为：0.01750687975328528
当前模型在所有样本上误差为：0.004063424920119398
当前模型在所有样本上误差为：0.0022719456440779212
当前模型在所有样本上误差为：0.0015729106255349952
当前模型在所有样本上误差为：0.001201432826724843
当前模型在所有样本上误差为：0.0009712314693721426
当前模型在所有样本上误差为：0.0008146906484190507
当前模型在所有样本上误差为：0.0007013805635612095
当前模型在所有样本上误差为：0.0006155927760124481
训练后的网络预测样本[0, 0]标签为：[0.019711653876570468]
训练后的网络预测样本[1, 0]标签为：[0.9832689593443639]
训练后的网络预测样本[0, 1]标签为：[0.9837112943058445]
训练后的网络预测样本[1, 1]标签为：[0.012758443942300992]
```

图5.5　Python神经网络反向传播实验结果

本章小结

➤　神经网络的前向传播是从输入层依次计算至输出层的过程。

➤　反向传播算法是从输出层一次计算至输入层的过程，从而结合梯度下降算法完成对神经网络参数的优化，反向传播算法实质是链式法则与梯度下降的综合应用。

➤　反向传播算法主要解决的是深层神经网络隐藏层权重参数的反馈传递。

本章习题

1. 简答题

（1）简述反向传播算法的具体计算方式。

（2）简述梯度下降算法在反向传播中所起的作用。

2. 操作题

按照任务 5.3 的实现步骤，使用 Python 实现反向传播算法。

第 6 章

深度神经网络手写体识别

技能目标

➤ 掌握使用 Keras 构建神经网络的模型。

➤ 了解经典数据集 MNIST。

➤ 掌握加载读取数据集 MNIST 的方法。

➤ 能够使用深度神经网络与 Softmax 激活
函数识别手写体。

➤ 掌握模型评估的方法。

本章任务

通过学习本章，读者需要完成以下 3 个任务。读
者在学习过程中遇到的问题，可以通过访问课工场官
网解决。

任务 6.1　掌握使用 Keras 构建神经网络的模型。

任务 6.2　使用手写体识别数据集 MNIST。

任务 6.3　深度神经网络解决图像分类问题。

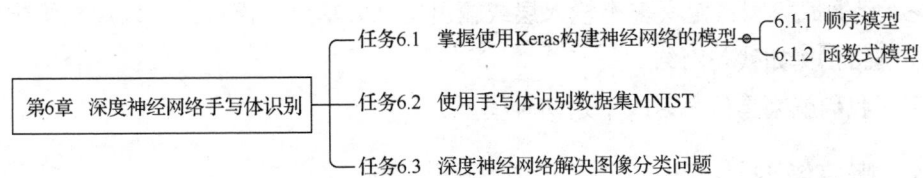

经过前面内容的学习，我们已经对神经网络的基本组成有了初步的认识。本章的主要目的是将前面所学理论知识应用到具体实践上，利用 Keras 深度学习框架来搭建真实的神经网络模型，从而实现对手写体数据集的数字识别，将理论和实践相结合，进一步提升对神经网络的理解。

任务 6.1 掌握使用 Keras 构建神经网络的模型

【任务描述】

从本章起，我们所设计的神经网络模型均不再采用 Python 进行具体实现，而是引用 Keras 深度学习框架来完成。Keras 已经集成了神经网络中的各个重要部件，我们可以通过直接调用 Keras 和关键模块来完成神经网络的搭建，如果有特殊需求，我们还可以对已有模块进行扩展。

本任务需要了解 Keras 搭建网络的模型，并利用 Keras 搭建全连接神经网络。

【关键步骤】

（1）了解顺序模型，并利用顺序模型完成全连接网络的搭建。

（2）了解函数式模型，并利用函数式模型完成全连接网络的搭建。

利用 Keras 搭建网络模型有两种形式：顺序模型和函数式模型。

➢ 顺序模型：具有逐层结构的模型，它不允许共享层，如图 6.1 所示。

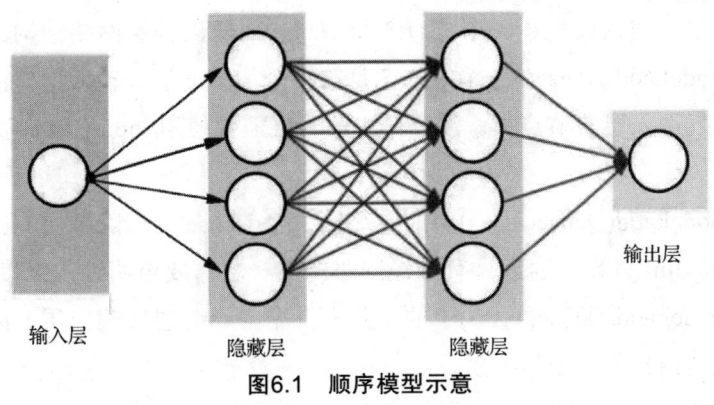

图6.1 顺序模型示意

➢ 函数式模型：定义多个输入层或输出层及共享层的模型，可以用来构建更加复杂的网络，例如残差网络。

下面我们就来具体学习一下这两种模型。

6.1.1 顺序模型

顺序模型是 Keras 中最常用的网络模型，顺序模型要求网络只有一个输入层和一个输出层，而且网络是层的顺序堆叠，如图 6.2 所示。

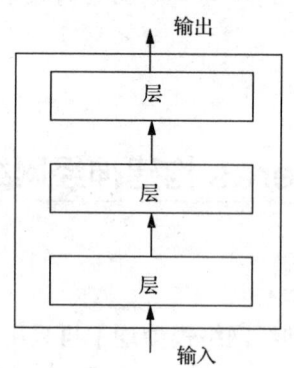

图6.2 顺序模型：层的线性堆叠

下面我们搭建一个简单的顺序模型。

```
model = Sequential()
model.add(Dense(5, input_dim=2, kernel_initializer="uniform",
activation='relu'))
model.add(Dense(3, kernel_initializer="uniform", activation='relu'))
model.add(Dense(1, kernel_initializer="uniform", activation='sigmoid'))
print ('finish adding notes')
```

1. 设置 Dense 层

使用 add()方法，可以指定不同的层。创建一个 Dense 对象代表创建了一个网络全连接层。在这里，我们构建了一个具有 3 个 Dense 对象的神经网络结构。

第一个 model.add(Dense(5,…))中的 5 是第一个 Dense 层（输入层）的节点数，它是正整数，代表输入层的节点数。注意，在第一层需要使用 input_dim = 2 指定输入节点的数量。

第二个 model.add(Dense(3,…))中的 3 是第二个 Dense 层（隐藏层）的节点数。这一层没有 input_dim 参数，因为只有神经网络的第一层需要声明输入维度。

第三个 model.add(Dense(1,…))中的 1 是第三个 Dense 层（输出层）的节点数，这意味着网络预测结果是单个概率值。

我们可以通过 add()方法在不同层上指定以下激活函数：Softmax、ReLU、tanh、

Sigmoid 等。例如，可以尝试 tanh 激活函数：

```
model.add(Dense(3, kernel_initializer =" uniform", activation ='tanh'))
```

2. 权重初始化

在上面的 add()方法中，kernel_initializer 是指定神经元权重矩阵的初始化方法的属性。

我们可以将"kernel_initializer"更改为其他选项。可以从 keras 包中导入"initializers"初始化模块。这里可用的初始化器包括以下几种。

➢ keras.initializers.RandomNormal(mean=0.0, stddev=0.05, seed=None)：按照正态分布生成随机张量的初始化器。

➢ keras.initializers.RandomUniform(minval=-0.05, maxval=0.05, seed=None)：按照均匀分布生成随机张量的初始化器。

➢ keras.initializers.Ones()：将张量初始值设为 1 的初始化器。

➢ keras.initializers.Constant(value=0)：将张量初始值设为一个常数的初始化器。

➢ keras.initializers.Orthogonal(gain=1.0, seed=None)：生成一个随机正交矩阵的初始化器。

➢ keras.initializers.Identity(gain=1.0)：生成单位矩阵的初始化器，仅用于 2D 方阵。

还有其他一些初始化器，这里就不一一列举了。网络的权重初始化方法对模型的收敛速度和性能有影响，但是具体的细节目前我们无须探索得非常深入，当需要深度研究时再去查阅相关的论文或者对不同权重初始化进行试验即可。

3. 模型配置

搭建模型之后，我们还需要完成对模型的配置工作。

```
model.compile(optimizer='sgd', loss='binary_crossentropy', metrics=['accuracy'])
```

Keras 的后端将使用硬件（如计算机或云上的 CPU 或 GPU）训练顺序模型。在编译方法中，我们可以指定 optimizer，即优化器，它是更新网络权重的优化方法。可以采用 SGD、RMSprop、AdaGrad、AdaDelta、Adam、Adamax 和 Nadam 等，这些都是反向传播算法里梯度下降算法的变体算法。我们也可以指定优化器的参数，例如设置学习率的 lr 参数：

```
model.compile(optimizer=optimizers.adam(lr = 0.002),loss='binary_
crossentropy', metrics=['accuracy'])
```

在 loss 参数设置中，我们也可以选择其他损失函数的类型，如 mean_squared_error、mean_absolute_error、mean_absolute_percentage_error、mean_squared_logarithmic_error、hinge、categorical_crossentropy 和 binary_crossentropy 等，这些都是我们之前见过的各

种损失函数。其中，如果解决的是二分类问题，我们一般会选择 binary_crossentropy 函数；如果解决的是多分类问题，我们一般会选择 categorical_crossentropy 函数。

4. 训练模型

我们可以调用 fit()方法，利用训练数据来训练模型。我们需要在训练过程中指定迭代总轮数（epochs）和批处理大小（batch_size）等参数。1 轮（epoch）是指一个完整数据集通过整个训练过程（1 个向前传播和 1 个向后传播）1 次，epochs 设置为多少就意味着指定整体数据训练多少轮。而在 1 轮内，迭代次数=总样本大小/批处理大小。

```
model.fit(x_train, y_train, batch_size = 30, epochs = 10, verbose= 0)
```

具体参数如下。

➤ epochs：整数，对整体数据训练的轮数。

➤ batch_size：整数，将数据集分批次处理，每一批数据中包含的样本数量。 批处理大小越大，所需的存储空间就越大。

➤ verbose：用来设置是否显示每个时期的训练日志以及显示形式。

verbose=0，将不显示任何内容（静音模式）。

verbose=1，将显示图 6.3 所示的 Keras 动画进度条输出记录。

```
Epoch 1/10
108030/108030 [==============================] - 3s 32us/step - loss: 0.2602 - acc: 0.9324
Epoch 2/10
108030/108030 [==============================] - 3s 27us/step - loss: 0.2454 - acc: 0.9331
```

图6.3　Keras动画进度条输出记录

verbose=2，将出现图 6.4 所示样式的 epoch 显示，为每个 epoch 输出一行记录。

```
Epoch 1/10
 - 3s - loss: 0.2889 - acc: 0.9329
Epoch 2/10
 - 3s - loss: 0.2457 - acc: 0.9331
```

图6.4　Keras epoch显示

5. 可视化

随着对神经网络学习的加深，我们知道网络的结构对性能也是有影响的，如果是简单的几层，还可以很容易地分清神经网络的结构。但是如果在做一些复杂的实验，它的神经网络的结构也是比较复杂的，假如有一个数十上百层的网络，有没有一种办法可以将搭建网络的结构进行可视化，以方便我们观察或调整呢？

Keras 提供了使用 Graphviz 绘制 Keras 模型的方法，用法如下：

```
from keras.utils import plot_model
plot_model(model, to_file='model.png')
```

在使用绘图的方法前需要安装两个模块：Graphviz 和 Pydotplus。

➤ Graphviz：需要访问其官方网站（网址参见本书电子资料），下载与操作系统匹配的对应版本，并将其安装目录下的 bin 文件夹添加到环境变量中。另外，还可以直接使用 conda install graphviz 命令，这种安装方式无须手动配置环境变量。

➢　Pydotplus：同样可以使用 conda install pydotplus 完成安装。Pydotplus 是旧 Pydot 项目的一个改进版本，它为 Graphviz 提供了一个 Python 接口。

完成上面两个安装步骤后，可以尝试搭建模型并绘制出模型图，如果出现一些错误，很可能是版本问题引起的，可能 Keras 的绘制模型模块还是旧的 Pydotplus 库（旧版本库名为 Pydot），需要更新一些文件才能使用 Pydotplus。首先在 Anaconda 安装目录中找到 Keras 源码，并将 vis_utils.py 代码中所有的"pydot"替换为"pydotplus"。例如，目录为 D:\Anaconda3\Lib\site-packages\keras\utils，进入目录，使用编辑器打开 vis_utils.py，进行修改即可。修改完成后重新导入 Keras，执行相应代码应该可以解决上述问题。

plot_model 接收可选参数 show_shapes，默认情况下 show_shapes=False，它决定是否在图形中显示输出形状，图 6.5 所示为成功输出的可视化的模型结构。

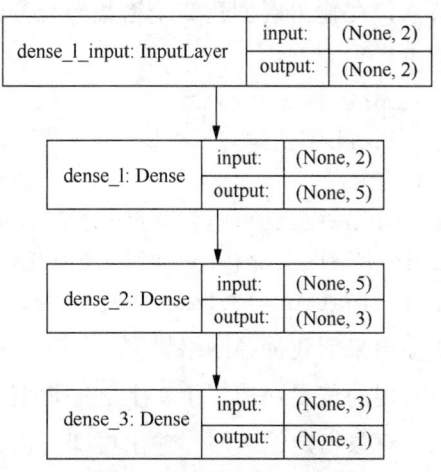

图6.5　模型结构可视化

上述内容是关于模型的可视化，训练神经网络时我们可能还需要将训练的损失变化日志、准确率的变化日志进行可视化。在使用 fit() 方法时，Keras 开始迭代训练模型，同时 fit() 方法返回一个 History 对象。History.history 属性是一个字典，记录了训练时的训练损失和评估指标，如果在训练过程中使用了验证集，那么相应的指标也会被记录下来。我们也可以借助 Matplotlib 绘制损失和评估指标的变化曲线图，这种方法本书后文有所涉及。

6.1.2　函数式模型

顺序模型可以理解成"一条路走到黑"的模型。但在实际的工程开发中，我们还可能面临的是多个输入及多个输出的情况，这时就需要使用函数式模型来解决。

当用户需要定义多输出模型、非循环有向模型，或者具有共享层的模型等复杂情况时，可以使用 Keras 函数式模型。Keras 函数式模型需要使用 Model 类构建自定义的模型，通过 Input 类构建专门的输入模型。

使用 Keras 函数式模型的步骤如下。

（1）输入层的设置

```
from keras.layers import Input
a = Input(shape=(3,))
```

这里输入层的形状选项由代表输入数据维度的元组表示，当输入数据是一维，且非图片或非矩形时，元组中的第二个元素必须为空，这意味着我们要为用于训练网络的样本批处理大小的形状留出空间。例如，Input(shape =(3,))表示输入层有 3 个节点，第二个元素为空，用于保存批处理大小的位置。

（2）网络层的搭建

在此步骤中，将从输入层连接节点，在第一个隐藏层创建 3 个密集节点，在第二个隐藏层创建 4 个密集节点，在输出层创建 2 个密集节点，最后使用 Sigmoid 函数进行二分类，得到最终的输出。

```
from keras.layers import Input
from keras.layers import Dense
a = Input(shape=(3,))
b = Dense(3, activation='relu')(a)    #第一个隐藏层有 3 个节点
c = Dense(4, activation='relu')(b)    #第二个隐藏层有 4 个节点
output = Dense(2, activation='Sigmoid')(c)   #输出层有 2 个节点
```

（3）通过连接输入和输出来创建神经网络模型

Model 类是函数模型实现的重要 API，事实上顺序模型的 Sequential 类也继承了 Model 类，创建一个 Model 对象指定输入层、输出层即可创建网络模型。

```
from keras.models import Model
model = Model(inputs=a, outputs=b)
```

程序运行结果如图 6.6 所示。

```
Using TensorFlow backend.

Model: "model_1"

Layer (type)              Output Shape          Param #
=================================================================
input_1 (InputLayer)      (None, 3)             0
_____
dense_1 (Dense)           (None, 3)             12
_____
dense_2 (Dense)           (None, 4)             16
_____
dense_3 (Dense)           (None, 2)             10
=================================================================
Total params: 38
Trainable params: 38
Non-trainable params: 0
_____
```

图6.6　程序运行结果

（4）配置模型

在配置过程中指定优化器和损失函数即可。

```
model.compile(optimizer="rmsprop", loss="binary_crossentropy")
```

接下来就可以传入训练数据和目标值，通过 model.fit() 和 model.predict() 来训练该模型，并利用模型进行预测。不过，在模型训练和预测中也需要指定必要的参数设置。

任务 6.2　使用手写体识别数据集 MNIST

【任务描述】

MNIST 数据集是一个非常经典的数据集，在众多深度学习图书中，都把 MNIST 数据集识别作为入门经典案例进行讲解。那么，MNIST 数据集是一个怎样的数据集呢？我们该如何获取 MNIST 数据集呢？

本任务要求了解 MNIST 数据集，并能够完成数据预处理。

【关键步骤】

（1）了解 MNIST 数据集。

（2）掌握使用 Python 操作 MNIST 数据集的方法。

（3）使用 Keras 完成利用 Softmax 回归模型进行手写体识别的实现。

数据集对于监督学习是非常重要的，同时数据集的收集与人工添加标签的过程花费了大量的时间，因此数据集也是非常珍贵的。幸运的是，随着相关学者研究的不断深入，他们开放了一些自己收集的数据集，图像分类数据集中最常用的是手写体识别数据集 MNIST。

1. 获取 MNIST 数据集

MNIST 数据集来自美国国家标准与技术研究院，其中训练集由来自 250 个人的手写数字构成，它是机器学习、深度学习过程中最经典的入门数据集之一，最早于 1998 年在杨乐昆的论文中提出。该数据集包含 0～9 共 10 类手写数字图像，每幅图像都做了尺寸归一化，都是 28 像素×28 像素的灰度图。每幅图像中像素值大小为 0～255，其中 0 代表黑色背景，255 代表白色背景。MNIST 数据集共包含 70000 幅手写数字图像，其中 60000 幅图像用作训练集，10000 幅图像用作测试集。

在 Keras 中已经内置了 MNIST 数据集，我们只需要加载它就可以进行后续操作了，接下来具体分析一下这个经典的数据集。

首先导入如下库或模块：

```
from keras.datasets import mnist
```

```
import matplotlib.pyplot as plt
import numpy as np
```

Keras 的 datasets 模块内置了 MNIST 数据集，首次导入时会从互联网上自动下载并获取该数据集，使用 Windows 10 操作系统下载时默认存储路径为 C:/Users/用户名/.keras/datasets。数据集下载完成之后导入 Matplotlib 绘图库，对下载的数据进行可视化，从图像角度来观察 MNIST 数据集。Keras 中的 MNIST 数据集默认采用 NumPy 的文件存储格式.npz，在这里也导入 NumPy 科学计算库方便后续的函数调用。

接着初步观察数据结构，输入如下代码：

```
(x_train, y_train), (x_test, y_test) = mnist.load_data()
print ('shape of training data',x_train.shape)
print ('shape of testing data:',x_test.shape)
print ('shape of training label:',y_train.shape)
print ('shape of testing label:',y_test.shape)
```

mnist.load_data()是加载 MNIST 数据集的方法，数据集缓存位置为～/.keras/datasets，方法返回值是 NumPy 数组的元组(x_train, y_train), (x_test, y_test)。我们通过定义 4 个变量进行赋值，返回值是 NumPy 的数据结构，因此使用 NumPy 数组的 shape 属性查看每部分数据的具体结构，上面代码的输出结果如图 6.7 所示。

```
shape of training data (60000, 28, 28)
shape of testing data: (10000, 28, 28)
shape of training label: (60000,)
shape of testing label: (10000,)
```

图6.7　输出结果

从图 6.7 中可以看出，数据集已经默认地分成 4 个部分：训练集输入、测试集输入、训练集标签、测试集标签。我们可以发现，训练集的数据结构是（60000, 28, 28），60000 代表有 6 万条数据，两个 28 代表每一条数据都包含 28 行，每行中有 28 个元素，即图像的高和宽是 28 像素×28 像素。相对应的是标签数据，有 6 万个元素，每个标签都对应着一个输入图像的像素矩阵，测试集数量有 1 万个，同样具有对应的标签。接下来我们提取一部分数据进行可视化，观察样本图像可以有更直观的感受，输入如下代码：

```
for i in range(5):
    plt.subplot(1,5,i+1)
    plt.title("label is:{}".format(y_train[i]))
    plt.imshow(x_train[i], cmap = plt.cm.gray)
plt.show()
```

我们可以利用 Matplotlib 库的 Pyplot 对象将数据可视化，在这里选取训练集的前 5 个样本进行可视化，利用 pyplot.subplot()方法将 5 个样本同时绘制出来，绘制的图像颜色模式选用灰度模式。MNIST 数据集样本的可视化结果如图 6.8 所示。

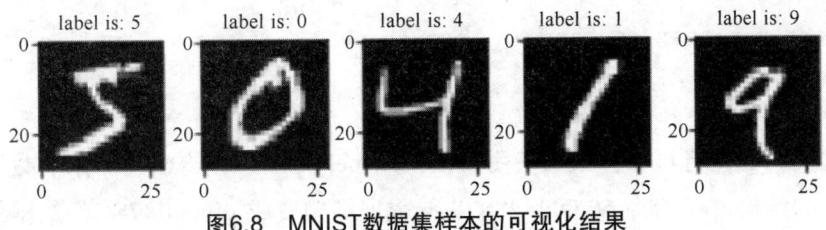

图6.8　MNIST数据集样本的可视化结果

进一步执行可视化操作，可以发现数据集中的像素矩阵与图像的关系，每一幅图像包含 28 像素×28 像素的矩阵值，我们可以用一个数字数组来表示这幅图像，输入如下代码：

```
plt.imshow(x_train[3], cmap = plt.cm.gray)
for row in x_train[3]:
    for col in row:
        print("{:3}".format(col), end = "")
    print(end = '\n')
```

输出结果如图 6.9 所示。

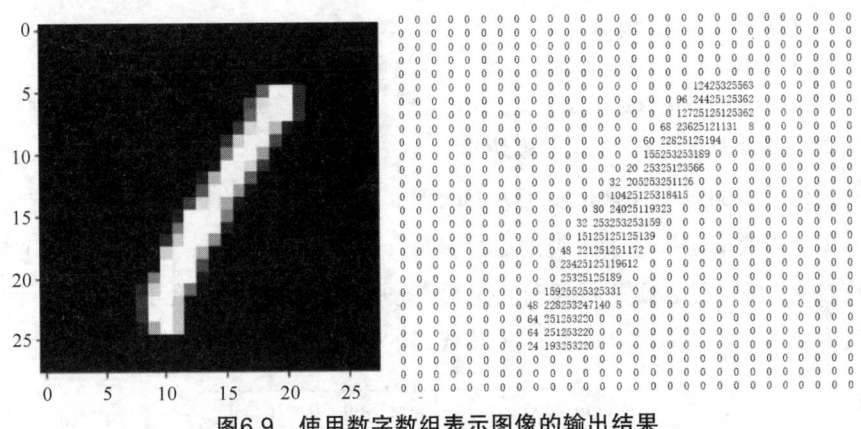

图6.9　使用数字数组表示图像的输出结果

2. MNIST 预处理

经过可视化后，相信大家对 MNIST 数据集的数据样本有了一个充分的了解，那么针对识别这种图像的任务，我们具体要怎么做呢？学习了神经网络之后，我们可以发现，输入的数值大小对神经网络求解过程经常产生影响。为了减少这种影响，在深度学习中经常用到的手段就是先把数据利用 One-Hot 编码进行标准化，将所有输入数值根据这些数据的区间取值情况重新映射到 0～1，再将其放入神经网络中进行计算。

因为我们当前使用的神经网络是全连接神经网络，输入层每个输入节点都存储了图像的像素特征，我们将所有的像素特征展平，然后统一作为输入节点，代码如下：

```
x_train = x_train.reshape((x_train.shape[0], x_train.shape[1] *
x_train.shape[2]))
x_train = x_train.astype('float32') / 255
```

```
x_test = x_test.reshape((x_test.shape[0], x_test.shape[1] *
x_test.shape[2]))
x_test = x_test.astype('float32') / 255
```

上述代码首先将每部分数据使用一次 reshape()方法，该方法将原来的数据结构改变为指定的结构，我们将 60 000×28×28 的数据结构变成 60 000×784 的数据结构，相当于把矩阵的每行元素都追加放在第一行的后面，从而进行展平操作。接着将所有的数据除以 255，这是由于图像的数值介于 0 到 255 之间，除以 255 之后每个值都会介于 0 到 1 之间。同理，对测试集也进行相应的操作。

到目前为止，我们已经处理完输入数据，那么标签数据该怎么处理呢？通过 Softmax 学习，我们知道输出的标签现在肯定不能使用数值了，需要将标签变为一个概率分布的向量，这时可以对标签进行 One-Hot 编码，代码如下：

```
from keras.utils import to_categorical
y_train = to_categorical(y_train, 10)
y_test = to_categorical(y_test, 10)
print ('shape of training data',x_train.shape)
print ('shape of testing data:',x_test.shape)
print ('shape of training label:',y_train.shape)
print ('shape of testing label:',y_test.shape)
```

我们首先需要从 Keras 的 utils 模块导入 to_categorical()函数，to_categorical()函数可以将传入的列表中的每个元素值变换为 One-Hot 向量，函数的第 1 个参数指定要编码的数据，第 2 个参数指定按多少个类别进行编码。例如传入[0, 1, 2, 3, 4, 5, 6, 7, 8]列表，第二个参数如果给 9，意思就是将列表的元素值分为 9 个类别的 One-Hot 编码，注意第二个参数值需要大于等于真实类别数。上述代码的输出结果如图 6.10 所示。

```
shape of training data (60000, 784)
shape of testing data: (10000, 784)
shape of training label: (60000, 10)
shape of testing label: (10000, 10)
```

图6.10　输出结果

从图 6.10 中可以看出，数据处理之后，样本的输入全部变为 784 个特征值的向量，列表变为涉及 10 分类的 One-Hot 向量。

任务 6.3　深度神经网络解决图像分类问题

【任务描述】

无论是线性回归、逻辑回归还是 Softmax 回归，都可以看成是在单层神经网络的实现，深度学习更注重多层神经网络的连接，利用多层感知机模型并加上 Softmax 函数，能不能在手写体识别的任务上取得较高的准确率呢？

在本任务中，我们将使用 Softmax 函数完成神经网络的搭建及训练。

【关键步骤】

（1）理解经过处理后的 MNIST 数据集。

（2）使用 Keras 顺序模型搭建神经网络。

（3）在神经网络输出层使用 Softmax 函数。

（4）使用交叉熵损失函数。

（5）对模型进行训练并观察结果。

完成数据预处理的工作，接下来就可以搭建神经网络了。数据预处理的工作是至关重要的，它直接影响到模型的效果。需要注意的是，如果使用预处理的数据训练神经网络，那么在预测的时候也需要对预测数据进行同样的预处理，这是新手经常会忽略的问题。接下来，我们将数据预处理的代码稍作整理，开始搭建神经网络。

```python
from keras.datasets import mnist
from keras.utils import to_categorical
from keras import models, optimizers
from keras.layers import Dense
from keras.utils import plot_model
from keras.utils.vis_utils import model_to_dot
from IPython.display import SVG
from livelossplot import PlotLossesKeras
import numpy as np
import time
#数据集拆分
(x_train, y_train), (x_test, y_test) = mnist.load_data()
print ('shape of training data',x_train.shape)
print ('shape of testing data:',x_test.shape)
print ('shape of training label:',y_train.shape)
print ('shape of testing label:',y_test.shape)
#数据集 reshape 与标准化
x_train = x_train.reshape((x_train.shape[0], x_train.shape[1] *
x_train.shape[2]))
x_train = x_train.astype('float32') / 255
x_test = x_test.reshape((x_test.shape[0], x_test.shape[1] *
x_test.shape[2]))
x_test = x_test.astype('float32') / 255
#数据标签 One-Hot 编码
y_train = to_categorical(y_train, 10)
```

```
y_test = to_categorical(y_test, 10)
print ('shape of training data',x_train.shape)
print ('shape of testing data:',x_test.shape)
print ('shape of training label:',y_train.shape)
print ('shape of testing label:',y_test.shape)
```

首先导入需要的相关库或模块，这些模块是本次实验从数据预处理到最后评估模型所需要的，放在下面对应的小节进行具体讲解。

1. 搭建多层神经网络

下面开始搭建神经网络，我们使用 Keras API 的顺序模型即可，神经网络的节点根据图像识别任务进行设置。无论是神经网络的层数还是每层神经元的节点数，都是一个超参数，是一个经验值，没有固定的设置依据，基本是基于实验与经验进行尝试的。搭建神经网络的代码如下：

```
#搭建神经网络
model = models.Sequential()
model.add(Dense(286, activation='relu', input_shape=(784,)))
model.add(Dense(216, activation='relu'))
model.add(Dense(216, activation='relu'))
model.add(Dense(10, activation='Softmax'))
model.summary()
```

输入层使用 784 个标准化后的像素特征值，第一层隐藏层使用 286 个神经元节点，激活函数使用 ReLU，第二层和第三层隐藏层使用 216 个神经元节点，激活函数也使用 ReLU。默认情况下，Dense()函数会添加偏置项，并且参数初始化方式默认为 glorot_uniform。在输出层中，选择 Softmax 回归模型的思想，我们定义 10 个节点，激活函数使用 Softmax。执行完以上代码后，我们利用 model.summary()方法观察神经网络的概览，代码执行结果如图 6.11 所示。

Layer (type)	Output Shape	Param #
dense_1 (Dense)	(None, 286)	224510
dense_2 (Dense)	(None, 216)	61992
dense_3 (Dense)	(None, 216)	46872
dense_4 (Dense)	(None, 10)	2170

Model: "sequential_1"

Total params: 335,544
Trainable params: 335,544
Non-trainable params: 0

图6.11　代码执行结果

从图 6.11 中可以看出，Param #列下的数字代表每个隐藏层的参数数量。可以简单验证计算一下，如第一层、784 个输入、286 个神经元，则 784×286=224224，286 个神经元就会有 286 个偏置参数，所以权重总参数的数量是 224224+286=224510，与程序结果一致。同时，可以利用下述代码完成模型结构的绘制。

```
file_png = r'~\path\net.png'
plot_model(model, to_file = file_png, show_shapes = True)
```

绘制的模型结构如图 6.12 所示。

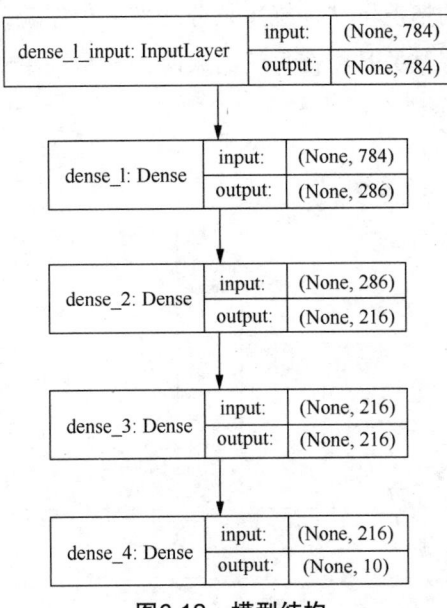

图6.12　模型结构

2. 配置模型

我们已经完成了神经网络模型的搭建工作，下一步就是配置模型了。在这个步骤中需要指定模型的优化器、评估指标、损失函数等，代码如下：

```
learning_rate = 0.002
model.compile(optimizer=optimizers.adam(lr=learning_rate),
              loss='categorical_crossentropy', metrics=['accuracy'])
```

上述代码中使用了 Adam 优化器，这是一种优化过的梯度下降算法，我们暂时不需要进行深入研究，当然也可以使用其他的优化器，优化器中指定学习率为 0.002。损失函数使用了前面重点讲解的交叉熵损失函数，评估指标需用准确率作为参考。

3. 训练模型

下面使用小批量梯度下降算法训练模型，此时需要定义训练多少轮和每批次的大小，同时为了实时地观察损失函数的变化，需要进行一个回调函数的设置。代码如下：

```
# 训练模型
BATCH_SIZE = 256
EPOCHS = 20
```

```
model.fit(x_train, y_train, batch_size=BATCH_SIZE, epochs=EPOCHS,\
          callbacks=[PlotLossesKeras()], verbose=1, validation_split= 0.2)
```

上述代码中，如果使用小显存显卡进行加速计算，可以适量减少 batch_size 的值。在设置完 batch_size、epochs 后，我们还是用一个回调函数，回调 PlotLossesKeras()方法。这个方法使用 livelossplot 库，用于实时绘制训练时的损失和准确率。训练日志的显示模式选用了进度条的样式，因此参数为 1，最后使用了 validation_split 参数，这个参数是在没有验证集的情况下从训练集划分一部分当作验证集进行验证。在这个过程中，不会对其进行训练，并且将在每轮结束时评估验证集的损失和准确率。模型训练过程示意如图 6.13 所示。

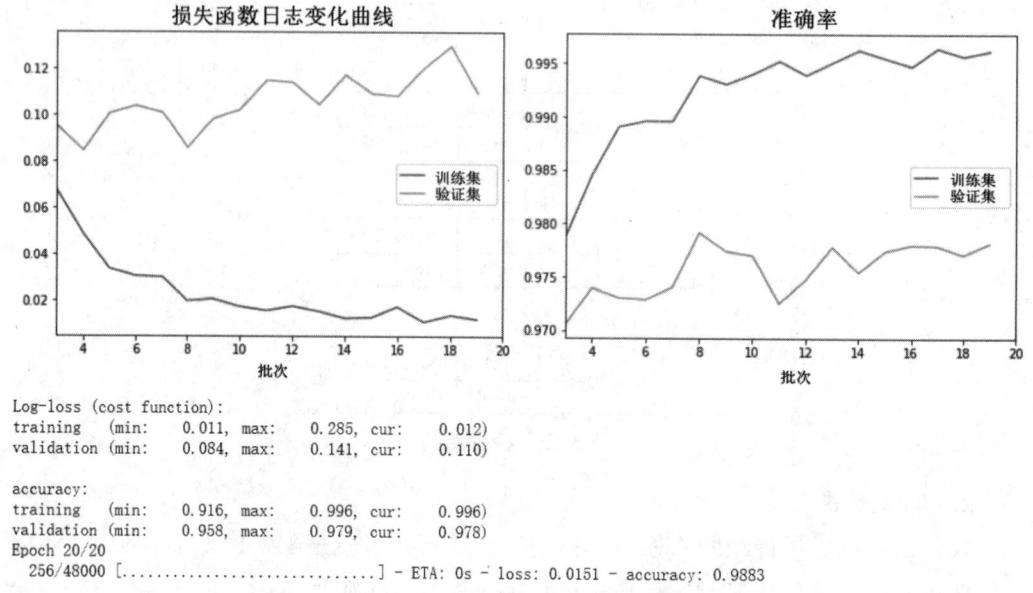

图6.13　模型训练过程示意

从图 6.13 中可以看出，经过 19 轮迭代后，模型在训练集上的准确率已经高达99.6%，在验证集上的准确率已经高达 97.9%。因为 MNIST 数据集的样本准备得足够充分，我们并没有在模型搭建过程中使用额外的优化手段，模型自己就能学会这些数字的特征。

4. 模型测试

接下来，我们使用 MNIST 数据集中的测试集对已创建的模型进行测试。模型训练完后会存储在内存中，也可以使用特定的文件格式将其存储在硬盘中。这样我们就可以使用已经训练好的模型来计算测试数据，下面是预测部分的代码。

```
import matplotlib.pyplot as plt
import random
y_pred_class = model.predict_classes(x_test)  #获取测试集预测结果列表
```

```
for i in range(5):
    rand_num = random.randint(1,10000)  #生成随机测试集
    label = np.where(y_test[rand_num])[0][0]
    #计算 One-Hot 编码结构随机样本标签类别
    pixels = x_test[rand_num]  #索引随机样本，输入特征值
    pixels = pixels.reshape((28, 28))  #将随机样本特征值 reshape 为图像格式
    plt.title('Label is ' + str(label))  #图像标题为随机样本真实标签
    plt.imshow(pixels, cmap='gray')  #绘制随机样本图像
    plt.show()
    #模型前向的预测结果
    print ('测试样本第{}个，预测结果是{} '.format(rand_num, y_pred_class
[rand_num]))
    if y_pred_class[rand_num] != label:
        print ('哎呀，预测错了！')
```

首先导入 matplotlib.pyplot 模块，因为我们需要将预测的样本和标签绘制出来，观察预测结果与真实结果是否一致。然后导入 random 库，这是为了从测试样本中随机抽取数据进行验证。model.predict_classes()方法得到测试集的结果列表。我们利用一个循环来验证随机取到的 5 个测试样本，将真实的样本与其标签绘制出来，最后输出模型预测的结果，与真实标签进行比较。模型预测测试集示意如图 6.14 所示。

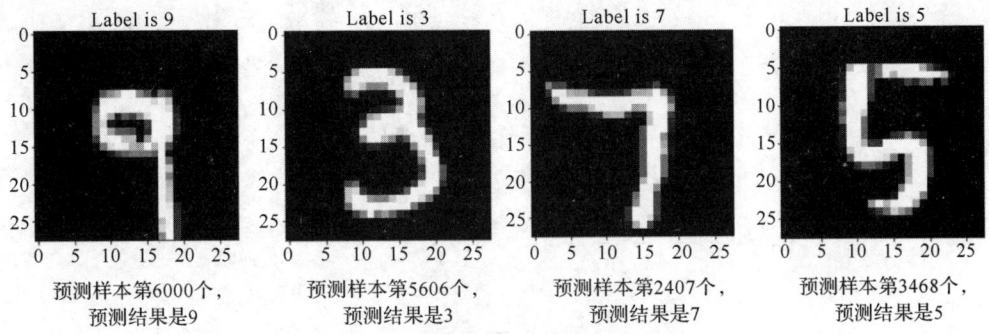

预测样本第6000个，　预测样本第5606个，　预测样本第2407个，　预测样本第3468个，
　预测结果是9　　　　预测结果是3　　　　预测结果是7　　　　预测结果是5

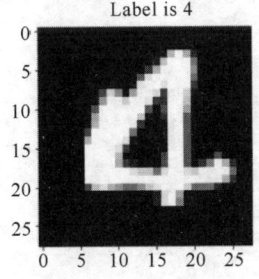

预测样本第5888个，预测结果是6
哎呀，预测错了

图6.14　模型预测测试集示意

在执行完预测代码后，可以看到模型的准确率还是很高的，最后一张预测错误的图也是经过处理之后才展示出来。至此，我们通过深度神经网络与 Softmax 函数的使用，成功地解决了手写体的分类问题。

本章小结

➢ Keras 的常用模型包括顺序模型和函数式模型。

➢ Softmax 回归能够解决多分类问题，它将多个输出映射为概率分布。Softmax 回归是逻辑回归的推广，一般都应用在输出层。

➢ 交叉熵损失函数经常用于解决分类问题，它能够衡量两个概率分布的差异。

➢ 模型的初步筛选可以根据验证集的表现，选择模型后，在测试集上对模型进行最终评估。

本章习题

1. 简答题

（1）简要说明 Keras 顺序模型的搭建方式。

（2）结合案例说明利用深度神经网络进行手写体识别的思路。

2. 操作题

使用 Keras 完成利用深度神经网络模型进行手写体识别。

第 7 章

神经网络优化

➤ 理解欠拟合与过拟合。

➤ 理解 L1、L2 正则化方法。

➤ 掌握丢弃法，能够使用 Python 实现丢弃法，
  学会使用 Keras 的丢弃法。

➤ 了解深度学习优化算法的意义。

➤ 理解小批量随机梯度下降。

➤ 理解小批量随机梯度下降
  算法的改进算法。

本章任务

通过学习本章，读者需要完成以下 4 个任务。读者在学习过程中遇到的问题，可以通过访问课工场官网解决。

任务 7.1　模型评估。

任务 7.2　范数正则化避免过拟合。

任务 7.3　丢弃法避免过拟合。

任务 7.4　掌握改进的优化算法。

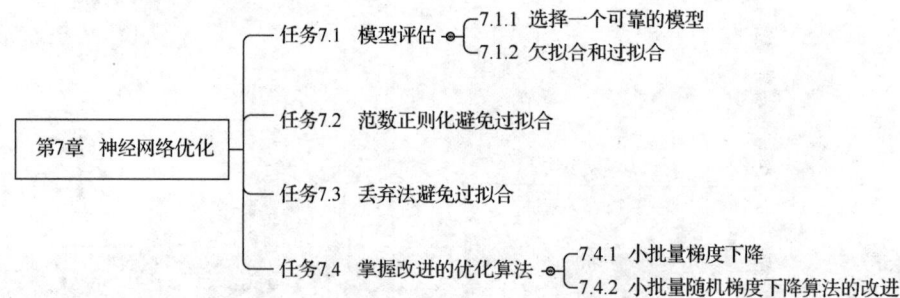

在第 6 章中，我们使用 Keras 实现了手写体识别的任务，当初步实现后，我们还需要对创建的模型进行评估，找到优化模型的方法，从而提升模型的预测能力。

本章会涉及一系列的新名词。这些名词虽然听起来很陌生，但是只要掌握算法原理便会对它们有较为深刻的认识。本章同样会涉及一些数学公式，虽然本书尽量避免数学原理推导，但想要了解这些方法，数学推导确实是难以避免的。

任务 7.1 模型评估

【任务描述】

在神经网络的建模上我们已经投入了非常多的精力，现在我们把注意力转到结果上。模型训练完成后如何进行评估呢？评估模型的指标有多种，分别是什么含义呢？

本任务需要掌握评估模型的方法，学会观察模型训练的历史日志曲线，理解欠拟合和过拟合现象，并掌握解决过拟合的方式。

【关键步骤】

（1）了解训练误差与泛化误差。

（2）理解欠拟合与过拟合。

（3）通过指标曲线能够判断欠拟合与过拟合。

7.1.1 选择一个可靠的模型

在 MNIST 数据集的实验中，我们看到了模型在训练集和测试集上的指标曲线，由于 MNIST 数据集的像素特征不是很复杂，模型很容易就可以达到 98%左右的准确率。现在我们改用 Fashion-MNIST 数据集，重新进行训练和预测，这个数据集的格式与 MNIST 数据集的格式基本相同，是关于服装饰品的数据，但数据集图像本身比手写体数字稍微复杂一些，也包含 10 个类别的图像（T 恤、牛仔裤、套衣、裙子等），数据量上也与 MNIST 数据集类似，包含 60000 个训练样本和 10000 个测试样本，每个图像同样为 28 像素×28 像素。Fashion-MNIST 数据集样本示意如图 7.1 所示。

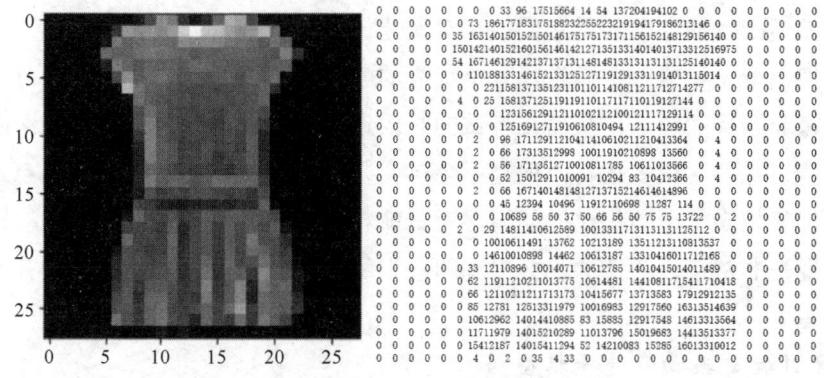

图7.1　Fashion-MNIST数据集样本示意

接着利用第 6 章的模型框架对 Fashion-MNIST 数据集进行训练和预测，我们发现准确率下降了一点，并且根据绘制的指标日志（见图 7.2），我们可以发现更多的问题。训练集上的损失值随着训练的增加，明显地逐渐减少，而验证集上的损失值始终比较振荡且总的趋势并没有下降；训练数据的准确率随着训练的增加明显在提高，而验证集上的准确率同样十分振荡而且整体趋势提高缓慢。

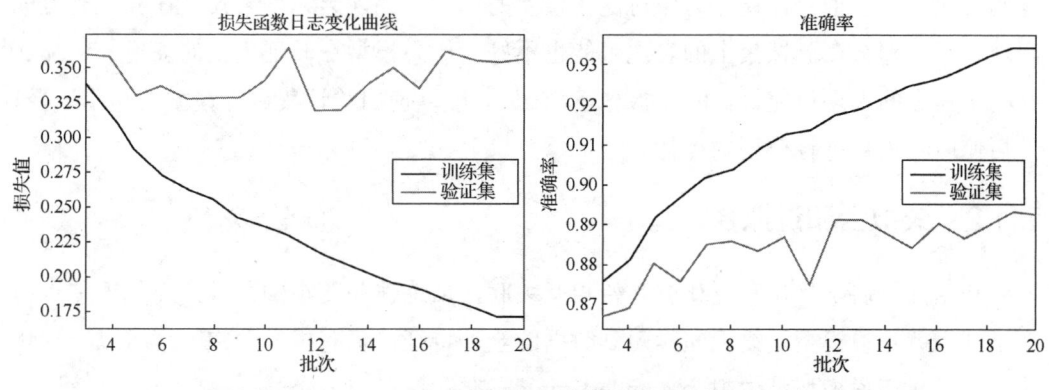

图7.2　Fashion-MNIST数据集训练模型的指标日志

训练过程中，模型在训练集上的表现好，这比较容易理解，因为毕竟模型在训练集上训练并更新参数，随着训练次数的增加，训练集上的表现肯定会越来越好，但模型在验证集上的表现却并不理想。这是什么现象？

1. 训练误差与泛化误差

模型的优化与泛化程度是机器学习和深度学习中需要提升的主要目标。

优化，是指调节模型以便在训练集上得到最佳的性能。此时与真实结果形成的误差叫作训练误差。

泛化，是指训练好的模型在前所未见的数据上表现出的性能好坏。此时与真实结果之间的误差叫作泛化误差。

这些误差不能只单独地具体看其中某一个值，而是要通过观察误差曲线来估计多轮的数学期望，我们考虑的是它们的相对变化。

如果把模型比喻成一个学生，一个优秀的学生在考试之前，会通过练习大量的题目来掌握每类题目的解法，从而在考试的时候遇到一些新的题目也会解答；而另一个学生，可能也练习了很多题目，但是不会融会贯通，考试遇到新题目就不会解答。考试前的练习就相当于考验优化的能力，考试就相当于考验泛化的能力。好的模型在两者上的表现是非常接近的，并不会出现随着训练的增加，泛化误差不仅没有改善，甚至会越来越大。

2. 通过验证集初步选择模型

在机器学习中，我们会把数据集先划分为训练集、验证集和测试集。通常情况下，测试集只在训练完模型、选择模型后使用一次，仅用来评估模型。我们不能用测试集去选择模型，因为使用测试集选择模型，模型可能在测试集上表现得比较好，但在测试集之外的新数据上表现得不够好，而我们又无法从训练误差估计泛化误差，因此我们可以预留一部分验证集来进行模型选择，这些数据是独立于训练集与测试集的。

在验证集上的模型选择过程中，我们看到的是验证误差，那么这个能代表泛化误差吗？我们可以把验证误差看作对泛化误差的一种估计，因为如果模型在验证集上的表现不好，那么在测试集上的表现可能也不好。如果模型在验证集上的表现好，那么在测试集上的表现可能好，也可能不好。因此，可以使用验证集进行模型的初步选择，然后使用测试集进行模型的评估。

7.1.2 欠拟合和过拟合

开始训练后，优化和泛化就开始相互关联，训练误差变小的同时，泛化误差也在变小，也就是说模型始终无法学习到数据的全部特征，仍有提升的空间，可以继续优化，此时我们说模型是欠拟合（underfitting）的。

当训练达到一定程度后，训练误差还在变小，但是泛化误差不再变小，甚至开始变大，此时我们就要考虑模型的泛化问题了，我们说模型开始变得过拟合（overfitting）。

欠拟合和过拟合是在机器学习和深度学习模型训练过程中经常遇到的两种现象，这两种现象与刚才的训练误差和泛化误差息息相关。下面来看一下欠拟合与过拟合的具体情况。

为了容易理解，我们使用二维平面上的分类问题来展示欠拟合和过拟合模型的差别，如图 7.3 所示。

图 7.3（a）的情况——模型过于简单，数据分类的效果不是很好，特别是圆圈类别左右两侧的区域，模型没有充分学习到数据样本的特征，属于欠拟合模型。

图 7.3（b）的情况——模型相对是合理的，它不会过多地关注样本中的噪声，又能拟合数据的整体趋势。

图 7.3（c）的情况——模型过于复杂，虽然它能区分样本中所有形状的数据，但是这样的划分很可能将噪声数据也考虑进去了，过度考虑了特殊样本数据的特征，建立的模型过于复杂，这时就会忽略数据的整体规律，因此无法良好地预测未知数据，这就属于过拟合模型。

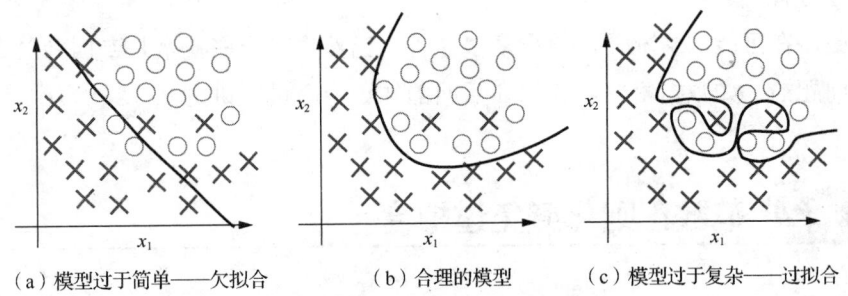

（a）模型过于简单——欠拟合　　　（b）合理的模型　　　（c）模型过于复杂——过拟合

图7.3　训练分类模型的3种不同情况

在真正的工程实践过程中，欠拟合和过拟合现象非常常见，导致这两种现象出现的因素也有很多。本章我们主要关注模型的复杂程度和数据集大小对神经网络模型的影响。

1．模型复杂度

对于需要学习的数据集来说，一般模型越复杂，说明模型对于训练数据考虑得越周到，拟合结果越贴近训练数据的真实值，训练误差就会越低。然而，如果模型太过复杂，就相当于在考虑训练数据集中有效数据的同时，也夹杂了对噪声数据的过度考虑，所创建的模型针对训练集数据越来越个性化，这使得模型无法很好地适应除了训练集以外的任何数据集，包括测试集，于是导致模型在测试集上的表现很差，产生"过犹不及"的效果。

在深度学习的神经网络训练中，神经网络的隐藏层越多，神经网络的参数越多，模型函数的选择空间越大，模型就越复杂，而对于数据样本输入很少的数据集来说（如仅有很少像素的图像），如果我们加入几十个甚至上百个隐藏层，或者每个隐藏层的节点数远远超过输入的数据特征数，那就相当于过分地捕捉了训练数据样本的特征，训练集的误差的确很小，但是测试集上的泛化误差却随着隐藏层越多，变得越来越大。这就需要我们考虑是否要减少一些隐藏层或者减少一些节点，以减少模型的参数，降低模型的复杂度。

反之，对于一些复杂的数据集来说，如果隐藏层太少或者节点数太少，导致对训练集的数据特征没有考虑周全，模型还没有完全学会数据的特征表达，即出现欠拟合现象，那么这种模型在测试集上的表现也一定不是很好。这时我们就需要考虑是否要增加一些隐藏层或者增加神经元节点来提高模型的复杂度，从而达到优化模型的效果。

2. 数据集大小

导致模型的两种拟合问题的另一个重要因素就是数据集大小。

数据集需要人工制作或收集，非常耗费精力，所以数据集基本都有样本太少的问题；而数据集规模太小，数据种类不够丰富，就使得模型显得过于复杂，于是就会导致出现过拟合现象。

因此，在可能的情况下，数据多多益善，当然也有一些技术是专门针对数据样本太少的问题的，如数据增广，我们在后面的知识中会进行讲解。

任务 7.2 范数正则化避免过拟合

【任务描述】

在神经网络的实验中，我们会碰到的更多是过拟合现象，即模型的训练误差远小于测试集上的泛化误差。增加训练数据可以减轻过拟合现象，但是数据集的获取代价也是非常大的；减少模型的复杂度也可以，但有时也不明确知道要减少哪些参数。所以更多的时候，我们会采用正则化的方式来避免过拟合。

本任务要求可以通过在损失函数中增加正则化项来调整模型，避免过拟合。

【关键步骤】

（1）了解范数的概念，理解范数的数学含义。

（2）了解正则化项的作用。

（3）理解不同范数正则化对神经网络参数的影响。

（4）使用范数正则化进行线性回归试验。

著名的奥卡姆剃刀原理提到：如果一件事情有两种解释，那么最可能正确的解释就是最简单的那个，即假设更少的那个。这个原理对于神经网络的训练来说同样适用，如果有很多种模型都可以解释一组数据，那么简单模型可能更不容易出现过拟合现象。

在使用神经网络学习数据的过程中，模型的训练其实就是为每个神经元设置适合的权重大小，我们会采用数学的逻辑方式不停地改进网络模型的参数，然而，当我们在学习过程中受到一些噪声数据的影响，计算机产生的模型同样会根据噪声调整模型，这对模型的建立反而是不利的。所以我们可以对模型允许存储的信息加以约束，即强迫模型集中学习众多数据中最重要的特征部分，摒弃特殊的、个别的部分，从而避免模型的过拟合，这就是正则化的方式。

正则化这个词从字面上比较难理解，它是从英文 regularization 翻译过来的，在机器学习中是"限制"的意思。当模型包含噪声时，我们会对模型的学习引入一种"限制"，作为损失函数的一部分，对模型的权重进行惩罚，而这个"限制"恰恰就是与模型中的权重紧密相关的"惩罚项",如果权重过大,则惩罚越大,在更新权重时,神经网络会通过自我调优的方式,调整引入惩罚项后的损失函数,降低损失值。

1. L_1 范数

为了方便理解范数的概念,我们先来看"距离"这个词,距离虽然是一个比较宽泛的概念,但有一点是非常明确的,我们可以通过距离的大小来评估两个坐标的远近。范数和距离类似,在机器学习中,通常使用范数来衡量向量的大小,有时为了便于理解,也可以把范数当作距离来理解。

范数包括向量范数和矩阵范数,向量范数表征向量空间中向量的大小,矩阵范数表征矩阵引起变化的大小。向量范数的通用公式是 L_p 范数。

$$L_p = \|v\|_p = \sqrt[p]{\sum_{i=1}^{n} v_i^p}$$

范数正则化通过为模型损失函数添加范数的惩罚项,来对模型进行约束。常用的有 L_1 范数正则化与 L_2 范数正则化。根据向量范数的通用公式,p 取值为 1 时,代表 L_1 范数,公式如下:

$$L_1 = \|v\|_1 = \sum_{i=1}^{n} |v_i|$$

通过上式可以看到,L_1 范数就是向量各元素的绝对值之和,它也被称为"稀疏规则算子"(Lasso regularization)。L_1 正则化就是在损失函数中加入 L_1 范数作为惩罚项。

在机器学习中,线性模型中的套索(Lasso)回归就是对普通的线性回归进行 L_1 正则化后的模型。Lasso 模型的损失函数是平方损失函数(亦称均方误差),引入 L_1 正则化后的损失函数如下:

$$Loss = \frac{1}{m} \sum_{i=1}^{m} \left(y_i - w^{\mathrm{T}} x_i \right)^2 + \lambda \|w\|_1$$

其中,x_i 是输入,$\mathrm{X} \in \mathrm{R}^{m \times n}$,其中 m 为样本个数,n 为特征维数,w 是参数向量,$\lambda \geqslant 0$ 是调整惩罚项的系数,$\|w\|_1$ 表示参数向量 w 的 L_1 范数。

在深度学习中,使用 L_1 正则化的方法同样是在损失函数中加入 L_1 惩罚项,我们将原始损失函数记为 C_0,加入 L_1 正则化项的损失记为 C,则有:

$$C = C_0 + \frac{\lambda}{n} \sum_{j=1}^{n} |w_j|$$

上式中 n 代表特征维数。想利用梯度下降算法求极值时,先求得损失对 w 的偏导数:

$$\frac{\partial C}{\partial w} = \frac{\partial C_0}{\partial w} + \frac{\lambda}{n} \mathrm{sign}(w)$$

上式中 $\mathrm{sign}(w)$ 表示对绝对值函数的近似求导。按梯度下降公式,加入 L_1 惩罚项后,更新 w 的方式如下:

$$w' \rightarrow w - \eta \frac{\partial C_0}{\partial w} - \frac{\eta}{n} \lambda \text{sign}(w)$$

当 w 为正时，梯度下降过程中将多减一个正值，更新后的 w 变小。当 w 为负时，梯度下降会多减一个负值，更新后的 w 变大，因此它的效果就是让 w 向 0 靠近，使网络中的权重尽可能为 0，这相当于减小了网络复杂度，防止过拟合。

2. L_2 范数

L_2 范数正则化与 L_1 范数正则化相似，两者之间的区别在于：L_2 范数正则化更关注模型中权重参数的衰减速度。这种正则化方法通过在模型损失函数中添加权重的 L_2 范数，作为惩罚项。神经网络的 L_2 正则化也叫权重衰减。

根据向量范数的通用公式 $L\text{-}P$ 范数，p 取值为 2 时，代表 L_2 范数，公式如下：

$$L_2 = \|v\|_2 = \sqrt{\sum_{i=1}^{n} v_i^2}$$

L_2 范数正则化就是在损失函数后面加上一个 L_2 范数作为惩罚项，同样地，我们记原始损失函数为 C_0，加入 L_2 正则化项的损失为 C，则有：

$$C = C_0 + \frac{\lambda}{2n} \sum_{j=1}^{n} w_j^2$$

上式中等号后的第二项是 L_2 正则化项，它代表所有权重参数 w 的平方和除以训练集的特征维数 n。λ 就是正则化项的系数，权衡正则化项与原始损失函数的比重。为什么 L_2 范数多除了 2？其实 1/2 系数主要是为了方便后面求导，在最小化损失函数的过程中，最小化 L_2 范数与它乘一个常量是等价的，前面的惩罚系数 λ 是一个不确定的值。

计算损失函数对 w 的偏导数：

$$\frac{\partial C}{\partial w} = \frac{\partial C_0}{\partial w} + \frac{\lambda}{n} w$$

按梯度下降公式，w 的更新方式：

$$w' \rightarrow w - \eta \frac{\partial C_0}{\partial w} - \frac{\eta}{n} \lambda w = \left(1 - \frac{\eta}{n} \lambda\right) w - \eta \frac{\partial C_0}{\partial w}$$

我们可以发现，w 的更新方式变了，w 在原始损失函数中的系数为 1，现在变为 $1 - \frac{\eta}{n} \lambda$，其中 η、n、λ 均为正数，n 为特征维数，通常比较大，所以 $1 - \frac{\eta}{n} \lambda$ 小于 1 且大于 0，降低了 w 的变化程度，因此也就相当于权重衰减。

3. 高维线性回归验证 L_2 正则化

了解了权重衰减的方法后，我们使用 NumPy 库构造一批模拟样本并使用 Keras 搭建模型来验证 L_2 正则化的作用。在数据集构造中，我们创造了一批线性相关数据来进行线性回归实验。这批数据共有 70 个样本，训练集使用 20 个样本，测试集使用 50 个样本，每个样本包含 200 个特征，并且通过加入一些服从均值为 0、方差为 0.01 的随机噪声来干扰模型的学习。代码如下：

```
#导入 NumPy 库
import numpy as np
#定义样本数及每个样本的输入特征数
num_train, num_test, num_inputs = 20, 50, 200
#假定最终权重参数与偏置参数
true_w, true_b = np.ones((num_inputs, 1)) * 0.01, 0.05
#样本特征使用随机正态分布初始化
features = np.random.normal(size = (num_train + num_test, num_inputs))
#正确的标签值计算使用线性模型
labels = np.dot(features, true_w) + true_b
#对标签值加入干扰项
labels += np.random.normal(loc = 0, scale = 0.01, size = labels.shape)
#数据集划分
train_features, test_features = features[:num_train, :], features
[num_train:, :]
train_labels, test_labels = labels[:num_train], labels[num_train:]
```

模型方面我们选用了线性回归模型，也就代表模型无任何隐藏层，不使用非线性激活函数。代码如下：

```
#导入必要的包，使用实时绘制 Loss 工具进行可视化
from tensorflow.keras import models, optimizers, regularizers,
initializers
from tensorflow.keras.layers import Dense
from livelossplot import PlotLossesKeras
#使用顺序模型 API 建模
model = models.Sequential()
#权值初始化使用方差为 0.1 的随机正态分布，对参数使用 L2 正则化，惩罚系数选定 5
model.add(Dense(1,input_shape=(num_inputs,),
        kernel_initializer=initializers.RandomNormal(stddev = 0.1),
        kernel_regularizer = regularizers.l2(5)))
#配置模型，优化器使用随机梯度下降，设定了较小的学习率以方便观察 Loss 的变化，
#损失使用均方误差函数
model.compile(optimizer = optimizers.SGD(lr = 0.0001), loss =
'mean_squared_error')
#模型训练每次放入 1 个样本，训练 100 轮
model.fit(train_features, train_labels, epochs = 100, batch_size = 1,
    verbose = 1,validation_data = (test_features, test_labels),
    callbacks = [PlotLossesKeras()])
```

Chapter 7

通过上述代码，我们可以观察训练过程中添加 L_2 正则化模型的损失变化曲线，如图 7.4 所示。

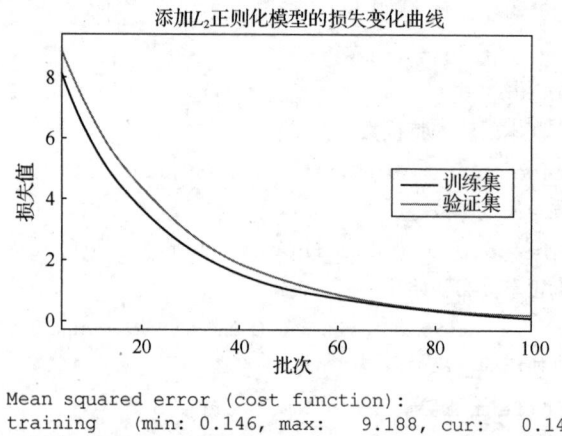

图7.4　添加L_2正则化模型的损失变化曲线

可以看出，在图 7.4 中，无论是在训练集还是验证集上，损失变化比较平稳，模型能够学习到数据规律，忽略数据中的噪声。

反过来看，如果模型中无正则化项，训练过程中的损失变化曲线如图 7.5 所示。

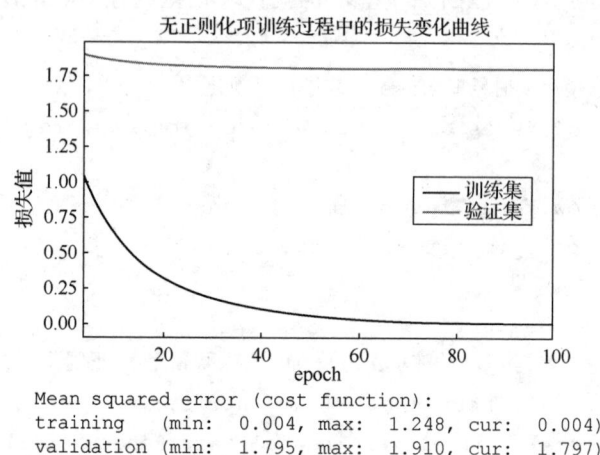

图7.5　无正则化项时训练过程中的损失变化曲线

可以看出，在图 7.5 中，模型在验证集上的损失变化与在训练集上的损失变化差距很大，这是过拟合的表现。

通过这个实验可以看出，L_2 正则化项的加入能有效地避免模型过拟合，并且最终权重参数的取值比不添加正则化项的取值小。由此我们得出结论：正则化通过为模型的损失函数添加惩罚项使得学到的模型参数值变小，是应对过拟合的有效手段。

任务7.3 丢弃法避免过拟合

【任务描述】

在神经网络中，除了 L_1 正则化和 L_2 正则化以外，还有一种减少过拟合的方法，即丢弃法（Dropout），事实证明这种方法在实际开发中也非常有效。

本任务要求理解丢弃法，并使用这种方法在 Fashion-MNIST 数据集上进行实验。

【关键步骤】

（1）了解丢弃法。

（2）利用 Python 实现丢弃法。

（3）利用 Keras 实现丢弃法。

（4）通过训练指标日志体会丢弃法的作用。

2012 年，杰弗里·辛顿在 *Improving neural networks by preventing co-adaptation of feature detectors* 中提出丢弃法。当一个复杂的前馈神经网络使用较小的数据集进行训练时，为了防止过拟合，在训练时可以随机丢弃一些神经元，通过阻止这些参数的更新来提高神经网络的性能。L_1、L_2 正则化是通过改动损失函数来实现的，而丢弃法是通过改动神经网络本身来实现的，它是在训练网络时使用的一种技巧。

1. 计算方法

丢弃法是指在每轮训练的过程中，我们先随机选择神经层中的一些单元并将其临时丢掉，然后再正常进行该次神经网络的前向传播和反向传播。在下一次迭代中，我们将再次随机选择并丢掉一些神经元节点，这样该模型在每轮迭代中都会对自身的一个略微不同的结构进行优化，直到训练结束。这种方法相当高效，它不仅降低了计算量，而且直观地减少了过拟合，提高了模型的整体性能。

下面来具体看一下丢弃法是如何实现的。前向传播时，我们需要在神经网络中指定具体在哪一个隐藏层使用丢弃法，接着该层的神经元节点都会以概率 P 被丢弃（丢弃率 P 是超参数）。训练完毕后，在进行模型预测时每个神经元都是存在的，这时每个神经元的权重参数需要乘以概率 P 进行缩放。之所以在测试时要使权重乘以概率 $1-P$，是因为假设隐藏层在使用丢弃法之前输出为 y，在使用丢弃法之后，该神经网络层的数学期望为 Py。测试时神经元都是存在的，为了保持同样的输出期望，则需要将输出也乘以概率 $1-P$。以上方法是 AlexNet 中曾使用的传统丢弃法。

现在我们通常使用的是倒置丢弃（inverted dropout）法，这和传统丢弃法有两点不同。首先，在训练阶段，对执行了丢弃法操作的层，其输出激活值要除以 $1-P$。其次，在测试阶段不执行丢弃法，也就相当于不将神经元的输出乘以 P。如倒置丢弃法的名字一般，该方法将这个缩放工作放在训练阶段。

图 7.6 所示为使用丢弃法的多层感知机。其中，隐藏层包含 4 个神经元节点，对隐藏层使用丢弃法后，假设丢弃概率为 25%。

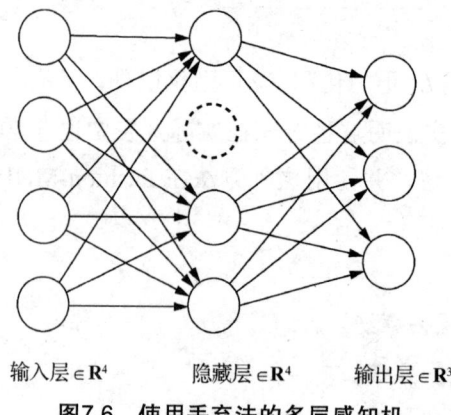

输入层 $\in \mathbf{R}^4$ 隐藏层 $\in \mathbf{R}^4$ 输出层 $\in \mathbf{R}^3$

图7.6　使用丢弃法的多层感知机

2. 使用 Python 实现 Dropout

根据丢弃法的描述，使用 Python 实现丢弃法函数，我们定义为 Dropout()函数，在实现过程中借助了 NumPy 库，代码如下：

```python
import numpy as np
def  Dropout(x, drop_prob):
    #判断丢弃概率值是否在 0～1 内，否则抛出值异常
    if drop_prob < 0. or drop_prob >= 1:
        raise ValueError('Dropout prob must be in interval 0-1 ！')

    #计算丢弃法的保留概率
    keep_prob = 1. - drop_prob
    #根据保留概率值随机地保留神经元，返回与输入张量相同形状的二项分布矩阵
    random_tensor = np.random.binomial(n=1, p=keep_prob, size=x.shape)
    print('随机保留的张量矩阵为：', random_tensor)
    #计算保留的张量
    x *= random_tensor
    print('随机保留的张量为：', x)
    #保证丢弃法后的输出数学期望相同，进行拉伸计算
    x /= keep_prob
    return x
```

上述代码实现了 Dropout()函数，函数接收输入张量与丢弃概率值，最终返回丢弃后的张量矩阵。我们利用 np.random.binomial()方法随机选择要保留的神经元。np.random.binomial(n, p, size = None)用来计算一个满足二项分布的随机变量。简单来说，可以将其理解成 n 次投硬币实验，每次硬币正面朝上的概率为 p，从二项分布中

抽取样本，size 是指定的输出形状，按 size 中的元素数每次投多个硬币。当 *n*>1 时，代表我们进行多次试验，每次试验硬币正面朝上则输出加 1，累加 *n* 次。

定义 Dropout() 函数后，我们定义一个张量进行测试：

```
x=np.asarray([[1,2,3,4,5], [6,7,8,9,10]],dtype=np.float32)
Dropout(x,0.3)
```

程序运行结果如图 7.7 所示。

```
随机保留的张量矩阵为：[[1 0 0 1 0]
 [1 1 1 0 1]]
随机保留的张量为：[[ 1.   0.   0.   4.   0.]
 [ 6.   7.   8.   0.  10.]]

array([[ 1.4285715,  0.        ,  0.        ,  5.714286,  0.        ],
       [ 8.571428, 10.        , 11.428572,  0.        , 14.285714 ]],
      dtype=float32)
```

图7.7　程序运行结果

3.　调用 Keras 的 Dropout 层

相信大家已经掌握了丢弃法的计算方式。在使用 Keras 搭建神经网络时，丢弃法也是非常容易实现的，我们仅需要从 Keras 的 layers 模块导入 Dropout 对象，再把 Dropout 对象当作普通 Dense 层使用就可以了。丢弃法是应对过拟合的方法，这种方法可以使模型在验证集合测试集中表现得更加稳定。

下面我们使用 Fashion-MNIST 数据集进行实验。为了更好地展示过拟合情况，我们将神经网络的训练次数设置为 200 轮，批次大小设置为 1000，代码如下：

```
#导入必要的库
from keras.datasets import fashion_mnist
from keras.utils import to_categorical
from keras import models, optimizers
from keras.layers import Dense, Dropout
from livelossplot import PlotLossesKeras
#数据集拆分
(x_train, y_train), (x_test, y_test) = fashion_mnist.load_data()
print ('shape of training data',x_train.shape)
print ('shape of testing data:',x_test.shape)
print ('shape of training label:',y_train.shape)
print ('shape of testing label:',y_test.shape)
#数据集 reshape 与标准化
x_train = x_train.reshape((x_train.shape[0], x_train.shape[1] *
x_train.shape[2]))
x_train = x_train.astype('float32') / 255
x_test = x_test.reshape((x_test.shape[0], x_test.shape[1] *
x_test.shape[2]))
```

```
x_test = x_test.astype('float32') / 255
#数据标签 One-Hot 编码
y_train = to_categorical(y_train, 10)
y_test = to_categorical(y_test, 10)
print ('shape of training data',x_train.shape)
print ('shape of testing data:',x_test.shape)
print ('shape of training label:',y_train.shape)
print ('shape of testing label:',y_test.shape)
#搭建神经网络
model = models.Sequential()
model.add(Dense(256, activation='relu', input_shape = (784,)))
#加入丢弃率为 50%的 Dropout 层
model.add(Dropout(0.5))
model.add(Dense(216, activation='relu'))
#加入丢弃率为 50%的 Dropout 层
model.add(Dropout(0.5))
model.add(Dense(216, activation='relu'))
#加入丢弃率为 50%的 Dropout 层
model.add(Dropout(0.5))
model.add(Dense(10, activation='Softmax'))
model.summary()
# 配置模型
learning_rate = 0.0001
model.compile(optimizer=optimizers.adam(lr=learning_rate),
loss='categorical_crossentropy', metrics=['accuracy'])
# 训练模型
BATCH_SIZE = 1000
EPOCHS = 200
model.fit(x_train, y_train, batch_size=BATCH_SIZE, epochs=EPOCHS,/
        callbacks=[PlotLossesKeras()], verbose=1, validation_split= 0.2)
```

以上代码在每个隐藏层使用了丢弃率为 50%的 Dropout 层。

4．评估

现在对使用 Dropout 层的神经网络进行评估。首先对训练过程进行可视化，图 7.8 所示为无 Dropout 层的模型在训练过程中的指标变化。我们可以发现，图 7.8 左侧损失的变化，随着训练次数的增加，训练集误差不断减小，直到趋向于 0，但是在 75 到 100 轮之间，验证集误差不再降低，越往后反而逐渐升高。图 7.8 右侧准确率的变化也体现出过拟合的情况，训练集的准确率不断提升，但是验证集的准确率在 89%左右开始出现下降的趋势。

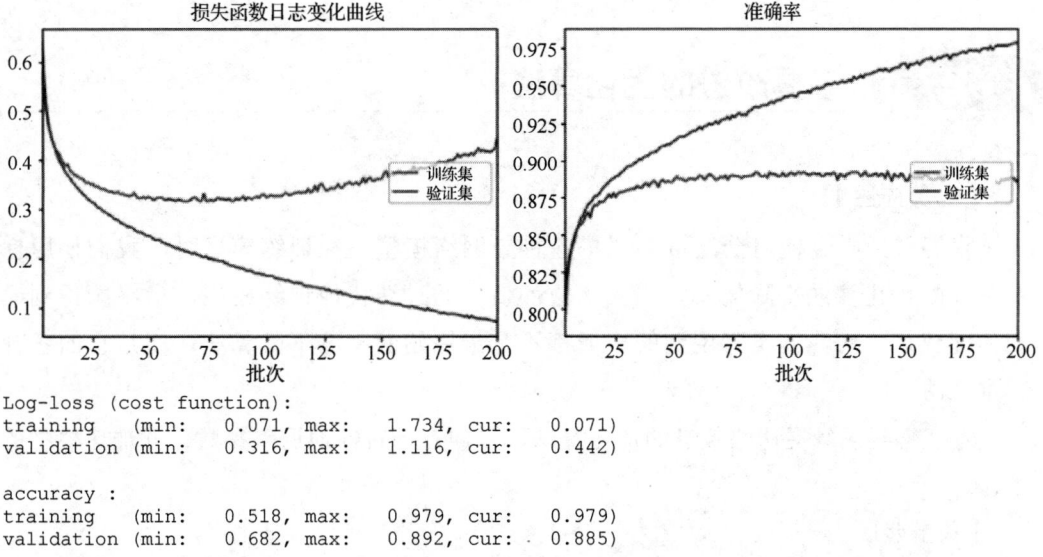

```
Log-loss (cost function):
training   (min:   0.071, max:   1.734, cur:   0.071)
validation (min:   0.316, max:   1.116, cur:   0.442)

accuracy :
training   (min:   0.518, max:   0.979, cur:   0.979)
validation (min:   0.682, max:   0.892, cur:   0.885)
```

图7.8　无Dropout层的模型在训练过程中的指标变化

接着我们加入 Dropout 层观察模型在训练过程中的指标变化，如图 7.9 所示。其中，为每个隐藏层加入了丢弃率为 50%的 Dropout 层。其实，丢弃法针对的主要是大型神经网络的全连接层，上述代码的神经网络规格虽然比较小，但通过比较可以看出，丢弃法在避免过拟合的过程中也起到了一定作用，无论是损失的变化还是准确率的变化都比图 7.8 更加稳定。但需要注意的是，在精度方面，丢弃法的加入并没有明显地提升精度，原因之一是实验数据比较充足，并且数据分布比较均匀，这种正则化的方式有时候反而会降低模型本来的精度。但是，它最主要的作用是稳定模型的参数，增强模型的泛化能力，在预测一些全新的数据时表现得可能较好。

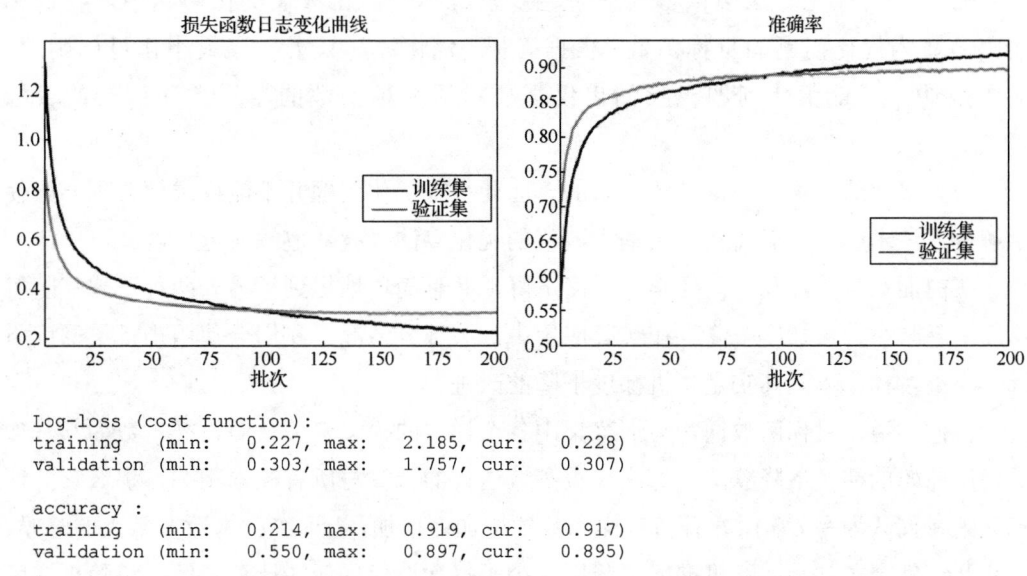

```
Log-loss (cost function):
training   (min:   0.227, max:   2.185, cur:   0.228)
validation (min:   0.303, max:   1.757, cur:   0.307)

accuracy :
training   (min:   0.214, max:   0.919, cur:   0.917)
validation (min:   0.550, max:   0.897, cur:   0.895)
```

图7.9　使用Dropout层的模型在训练过程中的指标变化

掌握改进的优化算法

【任务描述】

我们已经学会使用全连接层来搭建神经网络模型。在训练模型时，我们使用梯度下降的优化算法来降低模型损失函数的值。通过迭代地训练模型，最终能得到模型的参数值，而我们实际用到的一般都不是最原始的梯度下降算法，而是它的各种改进算法。

本任务要求掌握这些改进的优化算法，以便有针对性地调整参数，并加速模型的学习。

【关键步骤】

（1）回顾梯度下降、随机梯度下降、小批量梯度下降。

（2）了解 AdaGrad 算法。

（3）了解 Momentum 算法。

（4）了解 RMSProp 算法。

（5）了解 AdaDelta 算法。

（6）了解 Adam 算法。

7.4.1　小批量梯度下降

在深度学习过程中，会定义损失函数。这个损失函数就像指南针一般，有了它就可以使用优化算法尝试将其最小化以求解参数。在数值优化问题中，我们称损失函数为优化问题的目标函数。根据习惯，优化算法只会考虑最小化目标函数，如果是遇到了最大化问题，我们也仅需要将原目标函数的相反数当作新的目标函数。

绝大多数的目标函数都是较复杂的，因此很多优化问题并不能像求解方程一般使用解析方法求解，反而需要使用基于数值的优化算法寻找数值解（近似解）。

在前面章节中，我们已经学过梯度下降，并且简单地提到了另外两种形式：随机梯度下降与小批量梯度下降。在实际应用中，大部分情况下我们会使用小批量梯度下降。小批量梯度下降其实是随机梯度下降的改进。

我们知道，目标函数通常与训练集中各个样本的损失有关。假设样本数为 n，如果使用原始的梯度下降算法，每次权重参数迭代的计算与所有样本相关，那么它的计算开销我们认为是 $O(n)$，并且随着样本数的增加而增加，当训练样本数非常大的时候，计算开销就会非常高。随机梯度下降则减少了每次迭代更新的计算开销。在随机梯度下降中，我们会随机抽取一个样本来计算梯度并迭代更新参数，这样使每次迭代的计算开销直接从 $O(n)$ 降到了 $O(1)$，当样本数很大时，可能只用部分样本就能找到最优解。虽然随机梯度下降的速度很快，但是在小数据集上的表现是不稳定的。

小批量梯度下降是原始梯度下降与随机梯度下降的改进，它介于两者之间，又称为小批量随机梯度下降。具体的算法是：我们可以在每轮迭代中随机地均匀采样多个样本来组成一个小批量，然后用小批量来计算梯度。如果小批量的样本数为 B，那么小批量梯度下降每次迭代的计算开销为 $O(B)$；如果小批量的样本数为 1，它就变为随机梯度下降算法；如果小批量的样本数为真实样本数，它就变为原始梯度下降算法。

接下来我们介绍小批量梯度下降的一些改进算法。

7.4.2　小批量随机梯度下降算法的改进

1. AdaGrad

原始小批量梯度下降算法中，有一个常见的问题是，要优化的变量对于目标函数的依赖是各不相同的。有些变量已经优化到了极小值附近，但是有些变量仍然在梯度很大的地方，这时统一的全局学习率可能出现问题：如果学习率太小，则处于梯度很大的地方的变量会收敛得很慢；如果学习率太大，则已经趋于收敛的变量可能会不稳定。

AdaGrad（自适应梯度算法）是一种改进的梯度下降算法，它的基本思想是根据权重参数在每个维度的梯度值大小，来调整各个维度上的学习率，即为不同的变量提供不同的学习率。这个学习率在一开始比较大，用于快速梯度下降，随着优化过程的进行，对于梯度很小的变量仍保持一个较大的学习率；对于损失函数已经接近极值的变量，则减缓学习率。AdaGrad 使得学习率适应参数，在神经网络的训练中，对于不频繁出现的特征相关联的参数执行较大的更新（高学习率），对频繁出现的特征相关联的参数执行较小的更新（低学习率）。因此，具有稀疏变量的数据尤其适合使用此算法。

该算法的公式为：

$$x_t = x_{t-1} - \frac{\eta}{\sqrt{S_t + \epsilon}} \cdot g_t$$

上式中，t 代表每一次迭代；ϵ 一般是一个极小值，以防止分母为 0；S_t 表示前 t 步参数 x 梯度的平方和，把其平方根作为分母，分子为学习率。

训练前期与训练后期对比，训练前期的梯度累加较小，那么 g_t 的系数比较大，放大了梯度，训练后期则缩小梯度。但是它也有一个缺点：因为公式中的分母会累加梯度的平方，它在训练中持续增大的话，会使学习率非常小，导致参数不再更新。

2. Momentum

通常原始的梯度下降在求解高维的目标函数时，会出现图 7.10 所示的情况。

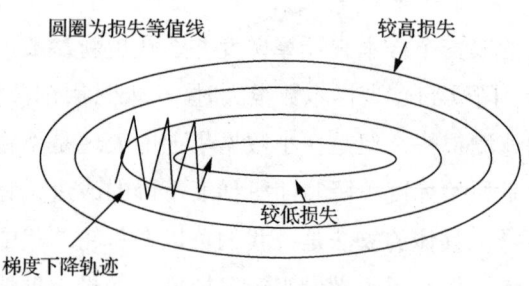

图7.10　高维函数求解自变量的迭代轨迹

可以看出，如果给一个固定的学习率，目标函数在竖直方向比在水平方向移动的幅度更大。如果我们选择一个较小的学习率，以保证自变量不会在竖直方向上越过最优解，这样会造成训练缓慢；如果我们选择一个较大的学习率，此时自变量在竖直方向上就可能越过最优解，并逐渐发散。

利用动量法可以解决上述问题，Momentum（动量法）主要是利用上一次的梯度信息产生本次梯度。如果将梯度下降比喻成一个人下山的过程，那么使用动量法的梯度下降就是小球滚下山的过程，小球更"聪明"一些，会根据当前的下山速度大小来确定下一次滚动的步长，这样就会更快地奔向谷底。

我们假设时间步 t 的自变量为 x_t，学习率为 η，速度变量为 v_t，那么动量法具体的公式如下：

$$v_t = \gamma v_{t-1} + \eta g_t$$
$$x_t = x_{t-1} - v_t$$

其中动量超参数 γ 的范围是 $0 \leqslant \gamma \leqslant 1$，即当 $\gamma = 0$ 时，为小批量梯度下降算法。

动量法中其实体现了指数加权移动平均的思想，它将过去时间步梯度做了加权平均，且权重按时间步指数衰减。例如，我们有近 100 天的温度数据，可以将这些数据累加然后除以 100，这样就能得到这 100 天的算术平均温度。指数加权移动平均其实是近似求平均的方法。

如果用 y_t 代表第 t 天的平均温度，θ_t 代表第 t 天的温度值，β 代表可以变换的超参数，则有：

$$y_t = \beta y_{t-1} + (1-\beta)\theta_t$$

按上述公式，有 $y_{t-1} = \beta y_{t-2} + (1-\beta)\theta_{t-1}$，将 y_{t-1} 右侧的式子代入上述公式，并继续将 y_{t-2} 和 y_{t-3} 均按此方式展开，得到：

$$\begin{aligned}
y_t &= \beta y_{t-1} + (1-\beta)\theta_t \\
&= \beta\left(\beta y_{t-2} + (1-\beta)\theta_{t-1}\right) + (1-\beta)\theta_t \\
&= (1-\beta)\theta_t + (1-\beta)\beta\theta_{t-1} + \beta^2 y_{t-2} \\
&= (1-\beta)\theta_t + (1-\beta)\beta\theta_{t-1} + (1-\beta)\beta^2\theta_{t-2} + \beta^3 y_{t-3}
\end{aligned}$$

$$\cdots$$

最终我们可以发现这是一个递归过程，公式一直能推导到第一天的温度值 θ_1，并且当前的温度均值 y_t 与前面所有时间节点 t 的温度值都有关系。随着时间增加，当前温度的系数 $(1-\beta)$ 也在不断地累乘 β（β 为一个 $0\sim1$ 的超参数）。这个公式也说明了当前的温度均值虽然与之前的温度相关，但是时间距离现在越久，之前温度的影响权值系数就越小，即当前的温度离当前时间距离越近，影响越大，距离当前时间距离越远，影响越小。数值的加权系数随着时间呈指数下降，甚至趋向于 0。

由数学的极限知识有：

$$\lim_{n \to \infty}\left(1-\frac{1}{n}\right)^n = e^{-1} \approx 0.3679$$

现在令 $n = 1/(1-\beta)$，那么 $(1-1/n)^n = \beta^{1/(1-\beta)}$。

当 $\beta \to 1$ 时，$\beta^{1/(1-\beta)} = e^{-1}$，在数学中一般会以 e^{-1} 作为一个临界值，小于该值的加权系数的值不作考虑，因此我们可以忽略比 $1/(1-\beta)$ 更高阶系数的项，在实际中我们可以看作 y_t 是对最近 $1/(1-\beta)$ 时间步数的 θ_t 值的加权平均，例如当 $\beta = 0.9$ 时，$0.9^{1/(1-0.9)} = 0.9^{10} \approx e^{-1}$，即 y_t 可以看成最近 10 个时间步数的 θ_{10} 值的加权平均，即近似计算最近 10 天的温度均值。

再来看动量法，我们对动量法的公式进行以下变形：

$$v_t = \gamma v_{t-1} + (1-\gamma)\left(\frac{\eta}{1-\gamma}\right)g_t$$

若将 $\eta \cdot g_t$ 看成前面温度示例中的 θ_t，则上式实际变形为指数加权移动平均的形式，由指数加权移动平均的形式可知，动量法在每个时间步的自变量更新量 v_t，可以看作是最近 $1/(1-\gamma)$ 时间步数的加权平均，则这里相当于将加权平均再除以 $(1-\gamma)$。所以在动量法中，自变量在各个方向上移动的幅度除了取决于当前梯度，还取决于过去的各个梯度在各方向上是否一致。

使用动量法之后，出现的情况由图 7.10 变为图 7.11。动量法能够平滑自变量在竖直方向上的移动，使自变量在水平方向上更快地达到最优解。

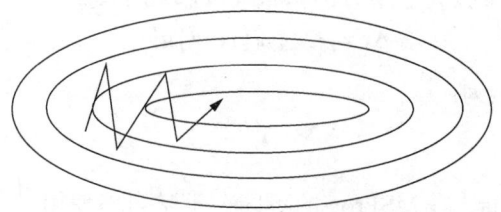

图7.11　加入动量法后求解自变量的迭代轨迹

3. RMSProp

使用 AdaGrad 进行模型训练时，累加梯度变得越来越大，学习率变得较小，无法较好地收敛。为了解决 AdaGrad 的这个缺点，RMSProp 做了改变。

我们已经知道 AdaGrad 引入了动态学习率的概念 $\dfrac{\eta}{\sqrt{S_t+\epsilon}}$，$S_t$ 代表截至当前时间 t 的所有小批量梯度 g_t 按元素平方和，同时我们也学习了动量法，对前面有限个时间步 t 的梯度做指数加权移动平均，RMSProp 则是综合这两种算法，将这些梯度按元素平方做指数加权移动平均。

这里给定动量法的超参数 $0 \leqslant \gamma < 1$，RMSProp 在时间步 t 的梯度状态变量计算为：

$$S_t = \gamma S_{t-1} + (1-\gamma)g_t \cdot g_t$$

上式在时间步 0，$S_0 = 0$，更新参数时和 AdaGrad 相同，只是学习率按照梯度状态变量计算：

$$x_t = x_{t-1} - \frac{\eta}{\sqrt{S_t+\epsilon}} \cdot g_t$$

上式中，t 代表时间步，ϵ 为稳定数值，以防止分母为 0。S_t 则表示对平方项 $g_t \cdot g_t$ 的指数加权移动平均，可以将 S_t 看作最近 $1/(1-\gamma)$ 时间步的小批量随机梯度平方项的加权平均，然后把其平方根作为分母，分子为学习率 η，这样将避免学习率在 AdaGrad 的迭代过程中一直下降的缺陷。

4．AdaDelta

AdaDelta 与 RMSProp 相似，也是针对 AdaGrad 不足进行了改进。但是 AdaDelta 并没有用到超参数学习率 η。

AdaDelta 同样使用了小批量随机梯度下降 g_t 按元素平方的指数加权移动平均变量。同样动量法的超参数为 $0 \leqslant \gamma < 1$，RMSProp 在时间步 t 的梯度状态变量计算为：

$$S_t = \gamma S_{t-1} + (1-\gamma)g_t \cdot g_t$$

初始时间步 $S_0 = 0$，但是学习率部分 AdaDelta 维护了状态变量 Δx，该变量开始时间步初始化为 0，我们将使用 Δx_{t-1} 来计算参数的更新量：

$$g_t' = \sqrt{\frac{\Delta x_{t-1}+\epsilon}{S_t+\epsilon}} \cdot g_t$$

Δx 记录参数变量更新量按元素平方的指数加权移动平均：

$$\Delta x = \gamma \Delta x_{t-1} + (1-\gamma)g_t' \cdot g_t'$$

同时，权重参数的更新为：

$$x_t = x_{t-1} - g_t'$$

可以看出，AdaDelta 与 RMSProp 的不同在于学习率使用 $\sqrt{\dfrac{\Delta x_{t-1}+\epsilon}{S_t+\epsilon}}$ 来代替 $\dfrac{\eta}{\sqrt{S_t+\epsilon}}$，我们无须指定超参数学习率。

5．Adam

Adam 是在 RMSProp 基础上进行的调整，它不仅对小批量随机梯度下降按元素平方做指数加权移动平均，并且对小批量随机梯度做了指数加权移动平均。

Adam 比 RMSProp 多引入了动量变量 v_t，也引入了 RMSProp 中小批量随机梯度下降按元素平方的指数加权移动平均移动变量 S_t，在开始时间步将各个元素都初始化为 0。两个动量变量的超参数分别为 $0 \leqslant \gamma_1 < 1$、$0 \leqslant \gamma_2 < 1$，则动量 v_t 即小批量随机梯度 g_t 的指数加权移动平均为：

$$v_t = \gamma_1 v_{t-1} + (1 - \gamma_1) g_t$$

S_t 即小批量梯度下降按元素平方项 $g_t \cdot g_t$ 做指数加权移动平均：

$$S_t = \gamma_2 S_{t-1} + (1 - \gamma_2) g_t \cdot g_t$$

由于我们将 v_0、S_0 初始化为 0，在训练初期导致 v_t、S_t 都趋向于 0，所以需要对梯度均值进行偏差纠正，降低偏差对训练初期的影响。对任意时间步 t，可以将 v_t 除以 $1 - \gamma_1^t$ 进行纠正，同样对 S_t 修正：

$$\widehat{v_t} = \frac{v_t}{1 - \gamma_1^t}$$

$$\widehat{S_t} = \frac{S_t}{1 - \gamma_2^t}$$

下面 Adam 使用修正后的变量 $\widehat{v_t}$、$\widehat{S_t}$ 更新参数：

$$x_t = x_{t-1} - \frac{\eta \widehat{v_t}}{\sqrt{\widehat{S_t} + \epsilon}}$$

上式中，η 为学习率，ϵ 为稳定数值趋于 0 的小数，这样一来每个参数都拥有自己的学习率。

6. 对比总结

前面讲述了几种小批量梯度下降算法的改进算法，总体如下。

➢ 原始梯度下降：使用训练集全部数据更新参数。

➢ 小批量随机梯度下降：使用随机采样小批量数据更新参数。

➢ AdaGrad：在小批量随机梯度下降基础上使用自适应学习率更新参数。

➢ Momentum：采用指数加权移动平均的思想，利用时间步内的平均梯度更新参数。

➢ RMSProp：对 AdaGrad 的改进，利用梯度平方的指数加权移动平均替换梯度平方累加。

➢ AdaDelta：对 AdaGrad 的改进，使用参数变化量指数加权移动平均替换学习率。

➢ Adam：在 RMSProp 的基础上进行了调整，增加梯度指数加权移动平均，引入偏差修正。

在实际使用时，Keras 已经实现了上述算法，我们只需使用相应的 API 便可以使用对应的算法，值得一提的是，当前我们使用的较为优化的算法为 Adam，RMSProp 次之，其余算法根据实验需求选取。

本章小结

➤ 欠拟合和过拟合是模型训练过程中非常常见的问题，模型的复杂度和数据集的大小都会影响模型的效果。

➤ 范数正则化通过为模型的损失函数添加范数惩罚项，从而限制模型学习的范数值，可以有效地避免过拟合。

➤ 丢弃法也属于正则化方法，它也可以有效地避免过拟合。

➤ 在实际应用中，常使用的优化算法都是小批量随机梯度下降算法的改进，这些通常是针对学习率与梯度上的改进算法。

本章习题

1．简答题

（1）使用范数正则化避免过拟合，优化模型，简述不同范数对神经网络参数的影响。

（2）简述小批量梯度下降算法的具体原理。

2．操作题

在第 6 章习题的基础上，优化手写体识别的网络模型。

第 8 章

卷积神经网络

技能目标

➢ 了解卷积神经网络。

➢ 了解卷积网络与全连接网络的区别。

➢ 掌握卷积核的形式。

➢ 能够进行卷积计算。

➢ 理解填充和步幅的意义。

➢ 掌握池化层的计算方式。

➢ 掌握多通道输入的卷积计算。

➢ 了解 LeNet 架构，使用
LeNet 完成图像分类
任务。

本章任务

通过学习本章，读者需要完成以下 3 个任务。读者在学习过程中遇到的问题，可以通过访问课工场官网解决。

任务 **8.1** 初识卷积神经网络。

任务 **8.2** 卷积运算。

任务 **8.3** **LeNet** 实现图像分类。

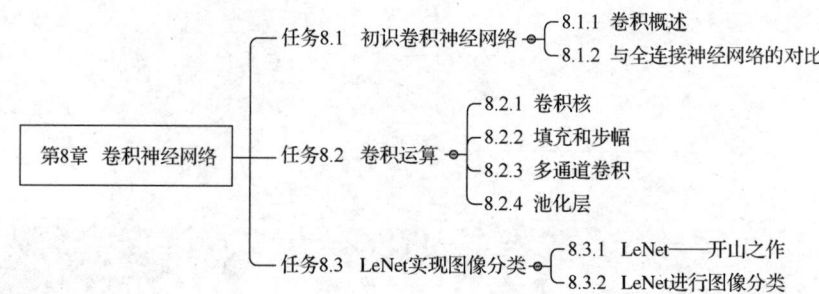

其实，神经网络并不是一个具体的算法，而是构建模型的一种思路。成功地搭建神经网络后，我们发现了它强大的表征能力，但是全连接神经网络中神经元前后相互连接的方式存在着一定的问题和局限。卷积神经网络便是典型的解决全连接神经网络部分缺点的成功案例，它是一种用来处理局部和整体相关性的计算网络结构，广泛应用在图像识别、自然语言处理等领域，而且在图像识别领域的应用获得了巨大的成功。

任务 8.1 初识卷积神经网络

【任务描述】

本任务要求了解卷积的概念，掌握卷积神经网络与全连接神经网络的区别，并认识卷积神经网络的优点。

【关键步骤】

（1）了解卷积的意义。

（2）理解局部感受野。

（3）理解权值共享。

（4）掌握卷积神经网络与全连接神经网络的区别。

8.1.1 卷积概述

我们先从数学意义上认识一下卷积（convolution）。卷积是一种函数运算，数学上一般定义函数 f 和 g 的卷积 $(f \times g)(n)$ 如下：

连续形式：

$$(f \times g)(n) = \int_{-\infty}^{+\infty} f(t) g(n-t) \mathrm{d}t$$

离散形式：

$$(f \times g)(n) = \sum_{t=-\infty}^{+\infty} f(t) g(n-t)$$

上述式子设坐标轴纵轴为 y，横轴为 t，无论是连续形式还是离散形式，先忽略 $f(t)$，

那么函数 g 的自变量 t 之前都有一个负号，这代表卷积首先对函数 g 进行翻转，相当于在坐标轴上把函数从右边沿 y 轴翻转到了左边，$g(n-t)$ 相当于把 $g(-t)$ 沿 t 轴向右平移了 n 个单位。之后两个函数相乘求积分，也就是求相乘后的函数曲线与 t 轴围起来的面积。

结合对卷积这个名词的理解，两个函数的卷积，本质上就是先将一个函数反转，然后进行滑动积分或滑动加权求和。卷积的"卷"代表了函数的反转与滑动，"积"则代表了积分或加权求和。

放在卷积神经网络中该怎么理解呢？我们都知道图像可以表示为像素矩阵的形式，在图像处理中，卷积操作可以看成是设定一个滤波矩阵，将这个滤波矩阵在原始图像上依次从左至右、从上至下移动，在移动过程中，它与原始像素对应区域做乘积并加和，最终输出一个值。

如图 8.1 所示，是利用一个 3×3 的滤波矩阵，在一个 5×5 的图像上的卷积过程（为了简化问题，我们此处仅考虑步幅为 1 的滑动方式），图中展示了第 1～3 次和第 9 次的卷积操作。

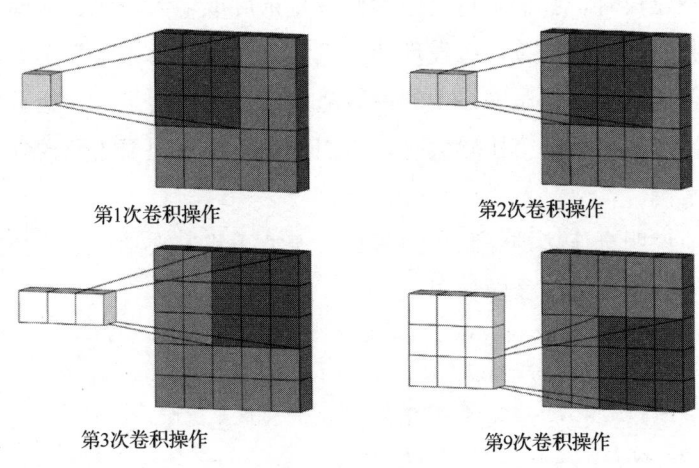

第1次卷积操作　　　　　　　第2次卷积操作

第3次卷积操作　　　　　　　第9次卷积操作

图8.1　卷积操作

上面提到的滤波矩阵也被称为卷积核，卷积核通常是一个奇数大小的方阵，一些常见的卷积核根据其元素值的不同而产生各种作用。常见的卷积核作用有边缘检测、锐化、方块模糊、高斯模糊等，例如利用矩阵 $\begin{bmatrix} -1 & -1 & -1 \\ -1 & 8 & -1 \\ -1 & -1 & -1 \end{bmatrix}$ 的卷积核对图像卷积，结果如图 8.2 所示。

卷积神经网络是指在网络结构中拥有卷积层。卷积层具有一些额外的参数，这些参数可以控制卷积的具体运算、卷积核的设计。

图8.2　卷积运算后的图像效果

8.1.2　与全连接神经网络的对比

我们对于全连接神经网络已经非常熟悉，它的结构看起来非常理想，由于每层的神经元之间相互连接，每一个神经元的输入都来自前一层每个神经元的输出，因此输入的每个维度都为模型输出的判断提供了一定的信息。然而理想的连接方式同时也给我们造成了困扰：当一个网络的规模较小时，我们可以利用计算机快速地运算，但是对一个复杂任务建模时，我们很可能因为任务复杂度或输入较多，从而构建一个庞大的网络，这时利用计算机运算，会发现计算机竟然开始"算不动"了。虽然当今设备的计算能力已经非常强，但是网络中的参数随着网络加深会呈几何级数增加。简单来说，当全连接神经网络的规模比较大时，我们在训练过程中要更新的参数太多，网络收敛的速度非常慢。

为了更好地说明全连接神经网络的参数量庞大，我们来举一个具体的例子。先看下面使用全连接网络训练图像的代码。

```
# 输入图像的像素矩阵为：(None, 640, 480, 3)
x = Input((640, 480, 3), dtype='float32')
# x 的形状为：(None, 640 × 480 × 3)，进行展平操作
x = Flatten()(x)
z = Dense(1000)(x)
```

上述代码中，输入了一个标准 3 通道的彩色图像，它的宽为 640 像素，高为 480 像素，这种图像的尺寸在当今主流的 1920 像素×1080 像素的屏幕中算不上清晰。输入的像素数为 640×480×3=921600 个。接下来进行了 Flatten()展平操作，这个操作很容易理解，可以认为将 3 个通道的像素矩阵放入一个一维数组中。最后一步操作是连接上一个含有 1000 个神经元的全连接层。

现在计算一下这个全连接层有多少个参数：

$$640 \times 480 \times 3 \times 1000 + 1000 = 921601000$$

我们发现，权重与输入相乘加上 1000 个偏置约产生了 9.216 亿个参数。假设每个参数都是一个 32 位的浮点数，那么每个参数都需要 4 个字节存储，总体需要的存储空

间约为 3.43GB！用简单的一层全连接层来处理一幅常见大小的图像竟然需要如此多的空间，假设再加几层全连接层，计算机能承受这么大的计算量吗？即使计算机可以接受这么大的计算量，计算所需要的时间也太长，我们不可能花费几个月的时间观察一次简单实验的结果。

同时每个神经元的输出都会受到上一层所有神经元的影响，而事实上，图像的每个区域都有其专有属性，我们并不希望它受到其他区域的影响，因为那样有时会对图像特征的提取起到干扰作用。

与全连接神经网络相比，卷积神经网络的出现解决了上面的问题，下面就来看看是如何解决的。

1. 局部感受野

有研究认为，人对外界事物的感知是从局部到全局的，图像的空间联系与局部的像素联系较为密切，而与距离较远的像素联系较少。因此，神经元只要对局部进行感知，然后在更高层将采集的信息映射起来就可以得到全局的信息。在卷积神经网络中，我们利用局部感受野来实现对图像局部的感知功能。感受野是卷积神经网络每一层输出的像素点在输入图片上映射的区域大小。

假设神经元的一次输入是 3×3 的像素矩阵，经过一个 3×3 的卷积核计算后，输出对应 1 个像素点，则这 9 个像素的矩阵称为输入图像上的局部感受野，局部感受野通常是 1～7 的奇数的平方。选择奇数会使正方形有一个像素中心点，这使得感受野简单和对称，在底层数学上的计算更加便捷。

在卷积操作中，从局部理解，卷积核的大小一般可以看成是局部感受野的大小。由卷积操作可知，我们应用卷积核与输入图像的局部子区域（即局部感受野）分别进行卷积，输出图像的任何一个单元只跟输入图像中相邻的一部分相关，与距离较远的像素无关。也就是说每个输出不会受太多其他区域的干扰。这就达到了让卷积神经网络实现对图像局部认知的功能，如图 8.3 所示。

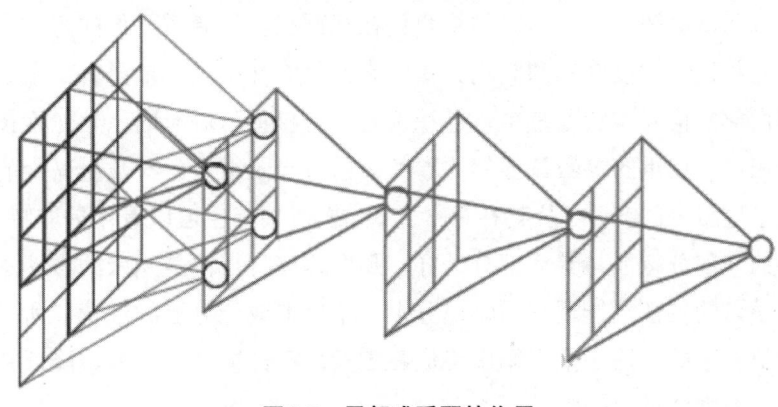

图8.3　局部感受野的作用

如果将卷积神经网络使用全连接神经网络的神经元的表达方式，可能会体现得更为清晰，卷积神经网络与全连接神经网络的神经元连接方式的区别如图 8.4 所示。

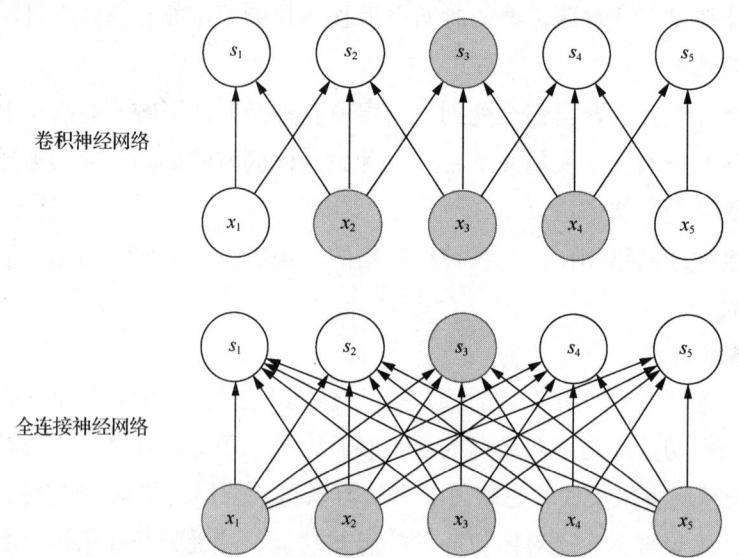

图8.4　卷积神经网络与全连接神经网络的神经元连接方式的区别

图 8.4 中 x_1 至 x_5 代表输入，s_1 至 s_5 代表下一层的输出。我们发现，在卷积神经网络中，每个输出值只依赖前一层的少量节点，如 s_3 只依赖于 x_2、x_3、x_4；但在全连接神经网络中，所有的输入值都会影响每一个输出值。

2．权值共享

另外，卷积神经网络的权值共享解决了全连接神经网络的参数量庞大的问题。在全连接神经网络中，当计算到最后的输出层时，权重矩阵中的每个元素都只使用过一次，每个元素与输入的一个元素相乘，之后不会再重复利用。针对这一点，卷积神经网络是在输入图像的不同位置使用同一个卷积核进行计算。对于每一个卷积核，它的核内参数在计算过程中都是不变的。

权值共享示意如图 8.5 所示。如果我们在标准三色彩通道图像的每个像素上运行一个简单的卷积核，假设其宽和高均为 1 像素，最终会得到一幅只有 1 个通道的新图像，卷积核内部的值其实就是权重，卷积也就是将权重与对应的原始像素按位相乘，最后将结果相加，权重的参数量显然比卷积之前减少了很多。参数量减少的同时，也有效地避免了过拟合的产生。从某种意义上说，权值共享也可以看作提取特征的方式，如果图像中的一部分特征与其他部分一样，那么这些特征便是冗余的，这意味着我们在这一部分学习的特征也能用在另一部分上，不会造成计算上的浪费。所以卷积神经网络采用权值共享的方法，能大幅度降低参数量，提升模型的效率，降低神经网络的复杂度，减少模型的过拟合。

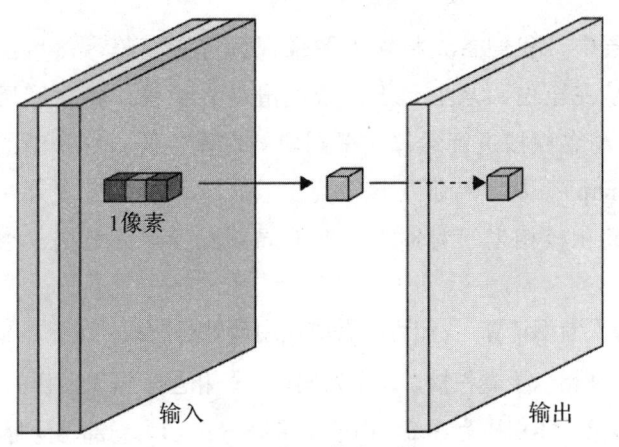

1像素

输入　　　　　　　　　　　输出

图8.5　权值共享示意

卷积神经网络的特点如下。

➤　卷积可以看成是图像处理中的基本构造块，是一种特殊的线性运算。

➤　卷积是卷积核和卷积核覆盖输入图像的区域之间的对应元素按位相乘再求和。

➤　卷积层中的神经元可以看成只与前一层的一小部分相连，而不是以完全相连的方式与所有神经元相连。

任务 8.2　卷积运算

【任务描述】

初识卷积神经网络之后，我们从数学角度来深入理解卷积运算。卷积神经网络的命名正得益于卷积极具特点的运算方式。在卷积运算中有一些必须要提到的计算单元，如步幅（striding）、填充（padding）、池化等，卷积层正是由这些计算单元组成的。

本任务需要掌握卷积计算的方法，理解卷积中填充与步幅的意义，还会探索多通道输入的卷积运算，这些运算对于卷积神经网络很关键，需要掌握。

【关键步骤】

（1）了解卷积核，掌握卷积的计算方法。

（2）理解填充的意义。

（3）理解步幅的意义。

（4）尝试计算多通道输入多卷积核的特征图的形状。

8.2.1　卷积核

卷积神经网络中的卷积核的权重参数都是随机初始化的，不是给定的数值。卷积核是卷积神经网络最核心的单元，我们最终更新的参数便是卷积核内的元素值。

在二维卷积层中，我们首先将输入图像视为像素矩阵，然后定义一个卷积核，对输入像素矩阵从左至右、从上至下，依次滑动卷积核，将对应尺寸的子像素矩阵（即局部感受野）与卷积核进行运算，得到新的像素矩阵，这个新的像素矩阵也称为特征图（feature map）。从"特征"这一点上看，卷积核的意义还相当于滤波器，因为卷积计算中，卷积核相当于对输入图像按局部感受野的范围大小逐步进行对某个特征的提取。

对于具体的每次卷积计算，我们可以看成使用最熟悉的线性处理函数 $f(x) = wx + b$ 处理输入图像。其中 w 相当于卷积核，b 作为偏置，x 相当于输入图像的局部感受野。例如一个 6×6 的输入图像，卷积核为 3×3 的矩阵，图 8.6 所示为局部感受野与卷积核进行卷积计算，当前局部感受野矩阵 x 为[0,0,0,0,1,1,0,1,2]，$w=[4,0,0,0,0,0,0,0,-4]$，$b = 0$。

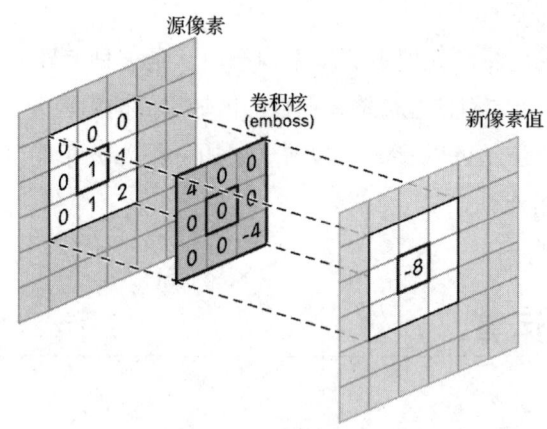

图8.6　局部感受野与卷积核进行卷积计算

根据线性处理函数，当前输入的局部感受野与卷积核进行计算，最终输出的值为：
$$f(x) = 4×0 + 0×0 + 0×0 + 0×0 + 0×1 + 0×1 + 0×0 + 0×1 + (-4)×2 + 0 = -8$$。

对于输入图像的其他感受野，依次做上述卷积运算，即完成对整个输入图像的一次卷积。

下面以 4×4 的输入图像为例，使用 3×3 的卷积核进行卷积计算，卷积后得到 2×2 的特征图，如图 8.7 所示。

输入图像					卷积核				特征图	
10	20	30	40		1	0	-1		-60	-10
20	10	40	10	*	1	0	-1	=	-70	30
10	20	30	10		1	0	-1			
10	30	40	10							

图8.7　卷积核对输入图像进行卷积

假设输入图像的宽度为 W，高度为 H，而卷积核的宽和高均为 k，则输出的特征

图宽度为 $W-k+1$，高度为 $H-k+1$。卷积层的卷积运算大致如此。

细心的读者可能会发现，卷积之后的特征图会比输入的图像小一些，那么随着层数的增加，神经网络的空间维度逐渐下降，甚至下降到 1，这正是卷积层完成特征提取的过程。卷积核参数在初始化之后便回到了我们已经非常熟悉的流程——前向传播计算，利用损失函数进行反向传播更新参数来最小化损失，不断训练，直到损失变得非常小。然后应用一个激活函数，作用在卷积计算的线性部分结果上，就像全连接网络一样，现在的卷积神经网络最常用的激活函数是 ReLU。

接下来简单归纳一下卷积核是如何进行卷积操作的。

（1）设置卷积核，使其中心点从一个像素到下一个像素。

（2）在每一像素点收集局部感受野对应的像素值，让其与卷积核的权重相乘，并将结果相加后作为输出。

（3）对线性计算结果激活：$z(\boldsymbol{x})=ReLU\left(\boldsymbol{w}^{\mathrm{T}}\boldsymbol{x}+b\right)$。

（4）$z(\boldsymbol{x})$的值再作为下一层特征图上的输入值。

8.2.2　填充和步幅

在 8.2.1 小节中，我们已经知道卷积的大概操作与计算方式。默认卷积核从输入图像的左上角开始，每次移动 1 个像素，经过卷积运算后，输出图像会逐渐变小，特征图的高和宽一般会小于输入图像的高和宽。在这个过程中，我们忽略了卷积操作中两个重要的细节——填充与步幅。

1．填充

简单地说，填充是指用足够的像素填充图像的边界。

在利用卷积核扫描图像时，会出现两个问题。第一，随着每次的卷积计算操作，图像信息会不断地因卷积而被缩小，最后甚至缩小到 1；第二，每次做卷积计算时，图像中间的像素值会被扫描多次，但图像边界的像素值仅能够被卷积核扫描一次，这相当于减少了边界的信息。然而卷积核的局部感受野又不能计算图像边界以外的区域，如图 8.8 所示。

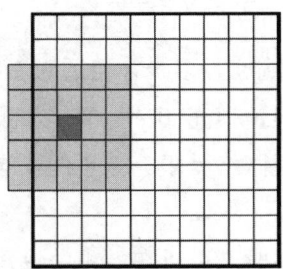

图8.8　卷积核不能计算图像边界以外的区域

　　如果我们希望保留尽可能多的关于原始输入图像在边缘附近的信息，就需要使用填充来解决。填充通常的做法就是在图像边缘填充一定的像素点，在卷积计算时，卷积核能够把输入图像的边缘像素也当作大概的中心点。例如在对下面的 5×5 的输入图像做卷积时，先在周围加入一圈 1 个像素的 0 作为填充，再进行第一次卷积计算，如图 8.9 所示。

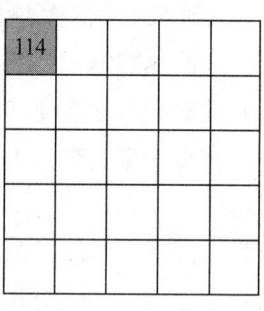

图8.9　填充后卷积示意

　　图 8.9（a）中浅灰色部分代表原始输入图像的信息，为 5×5 大小，白色部分代表填充 0 的像素点，填充后为 7×7 大小；深灰色部分代表填充后，当前第一次参与卷积计算的像素点区域。图 8.9（b）所示为卷积核，大小为 3×3。图 8.9（c）代表当前区域的卷积计算结果。这样就相当于将边缘部分的像素也扫描多次，而得到的特征图没有减小，便于后面继续利用卷积完成特征提取。

　　由此可以推算，如果图像矩阵为 $W×H$，卷积核为 $k×k$，若在宽和高的单侧均填充 P 个像素点，则输出特征图的大小为（$W+2P-k+1, H+2P-k+1$）的矩阵。

　　如果希望经过卷积之后得到的特征图尺寸与原始输入图像尺寸相同，该如何填充呢？如图 8.9，恰好输入图像是 5×5，输出图像也是 5×5。通过计算，令 $W+2P-k+1=W$，很容易得知 P 的大小为：

$$P = \frac{k-1}{2}$$

　　在卷积过程中，填充的部分到底是多少才合适呢？其实理论上我们只要硬件支持，神经网络中可以在图像周围无限地填充 0。然而，如果填充边界有太多的像素，其实也没有太大价值，因为这样神经网络受填充像素的影响太大，受真实特征的影响反而变小了。

　　利用卷积神经网络进行训练时，可以在卷积中设置 valid 和 same 参数，分别代表无填充卷积和保持一致卷积。但是，如果仅使用 valid 无填充卷积，会导致模型忽略边界部分的特征；如果仅使用 same 保持一致卷积，则会令整个卷积计算无法最终达到提取特征且输出分类的目的。所以最佳的填充方式是同时利用 vaild 填充和 same 填充，当输入过大时可以采用 vaild 填充，想要挖掘更多的特征时可以采用 same 填充。

2. 步幅

在卷积层工作时，卷积核会从左到右、从上到下地在图像上滑动。两个连续窗口之间的距离称为步幅，它控制了卷积核在卷积时将跳转的像素数。其实步幅过大或者过小都会对卷积计算的结果造成相应的影响。较小的步幅（如 1 或 2）将导致重叠的感受野和较大的输出特征图，较大的步幅又将导致较少重叠的感受野和较小的输出特征图。图 8.10 所示为小步幅卷积的图像输出示意。

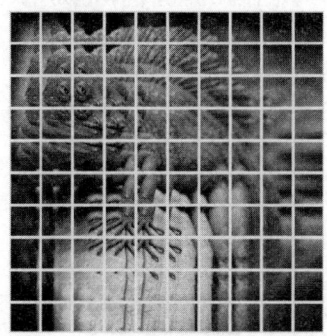

图8.10　小步幅卷积的图像输出示意

那么多大的步幅设置最为合适呢？在建模任务中，如果输入图像的目标有很多，我们需要最大化提取图像中的信息，那就需要设置较小的步幅，让局部感受野相对密集些，提取尽可能多的特征。如果在建模任务中仅需要关注一些较为明显的目标，卷积操作需要忽略大量的噪声信息，就可以使用较大的步幅，以减少局部感受野窗口的数量。

例如，输入图像填充一圈 0，卷积核的宽和高为 3×3，步幅设置为 2，第一次进行卷积运算，如图 8.11 所示。

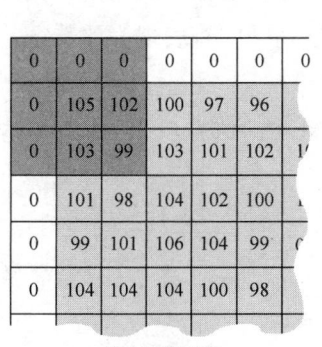
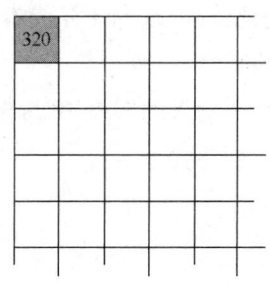

输入图像矩阵　　0×0+0×(−1)+0×0+0×(−1)+105×5　　输出图像矩阵
+102×(−1)+0×0+103×(−1)+99×0=320

图8.11　卷积步幅示意（1）

第二次移动到了如图 8.12 所示的位置。

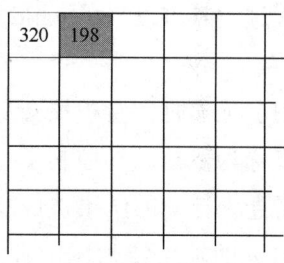

输入图像矩阵　　　　　　　0×0+0×(-1)+0×0+102×(-1)+100×5　　输出图像矩阵
　　　　　　　　　　　　　+97×(-1)+99×0+103×(-1)+101×0=198

图8.12　卷积步幅示意（2）

第六次移动到了如图 8.13 所示的位置。

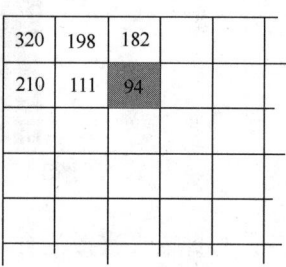

输入图像矩阵　　　　　　101×0+102×(-1)+103×0+102×(-1)+100×5　　输出图像矩阵
　　　　　　　　　　　　+102×(-1)+104×0+99×(-1)+103×0=94

图8.13　卷积步幅示意（3）

可以发现，步幅为 2 就可以有效减小卷积输出的特征图尺寸。当步幅较小时，能够提取到更多的特征信息，输出的特征图尺寸也更大；当步幅较大时，卷积又能起到下采样的作用。下采样是指刻意地使卷积输出的尺寸小于输入的尺寸，优点是可以跳过一些像素位置，减少计算成本，更容易让模型学到一些有表现力的特征，忽略一些细枝末节的噪声。

我们给定输入的宽度 W 与高度 H、卷积核尺寸 F、填充尺寸 P、步幅 S 后，计算特征图尺寸的公式如下：

$$W_o = \frac{W - F_W + 2P}{S_W} + 1$$

$$H_o = \frac{H - F_H + 2P}{S_H} + 1$$

上述计算中如果出现了小数，则取下限。其实卷积核的尺寸并不一定是方形，横向移动与纵向移动的步幅也可能不同，但在实际使用的时候，大部分情况都是方形的卷积核，两个方向的步幅也都相同。

8.2.3　多通道卷积

前面我们提到的卷积都是单通道输入的卷积。

当输入数据包含多个通道时，我们就需要构造一个与输入通道数相同维度的卷积层，即该卷积层是一个多维数组。对于多通道卷积来说，卷积层的每一个卷积核都会产生一个特征图，特征图的通道数或深度由卷积核的个数确定，特征图将输入分解为不同卷积核的卷积特征，多个卷积核会产生多个特征图，特征图与特征图之间是相互独立的，多个特征图叠加在一起形成了特征图的多个通道，每个卷积核的权重可能不同。

1. 多通道单卷积核

多通道单卷积层是很常见的。当我们对一个 RGB 颜色通道的图像应用一个卷积核时，需要把它设计为针对不同通道有不同权重的卷积核。这其实是将一个卷积核转换为带有深度的卷积核，输入图像的每个通道都对应卷积核的一个深度。

例如，使用 3×3×3 卷积核卷积 RGB 输入图像时，需要把每个通道 3×3 的感受野与相应的卷积核相乘，然后将 27 个结果相加，为只有一个通道的输出特征图计算一个值。

如图 8.14 所示，图中最上面部分为输入图像的 3 个颜色通道（红色、绿色、蓝色）的像素矩阵（截取输入图像左上角像素），可以看到我们对原始输入进行填充 0 的操作。示例中根据输入图像的通道数我们设计了深度为 3 的卷积核，卷积核的尺寸为 3×3×3，每个深度中的权重都是不相同的。我们使用这个卷积核对原始图像进行卷积运算，当步幅取 1 的时候，后续卷积运算如图 8.15 所示。

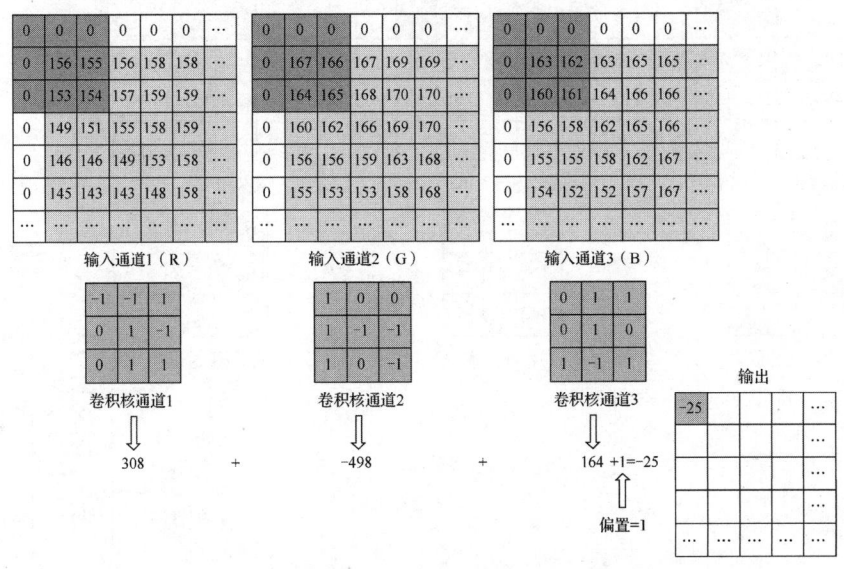

图8.14　多通道单卷积核的卷积运算示意（1）

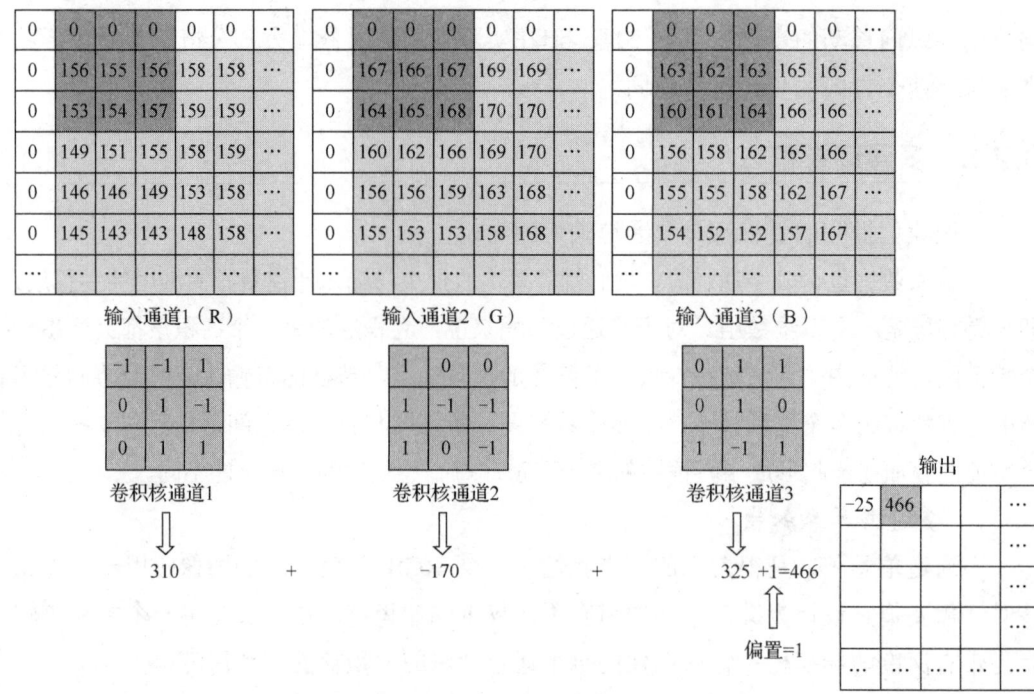

图8.15　多通道单卷积核的卷积运算示意（2）

可以看到，在计算过程中将所有的计算结果相加，并且最后加入偏置项 1，得到最终特征图的元素值。

更多的卷积运算，如图 8.16 所示。

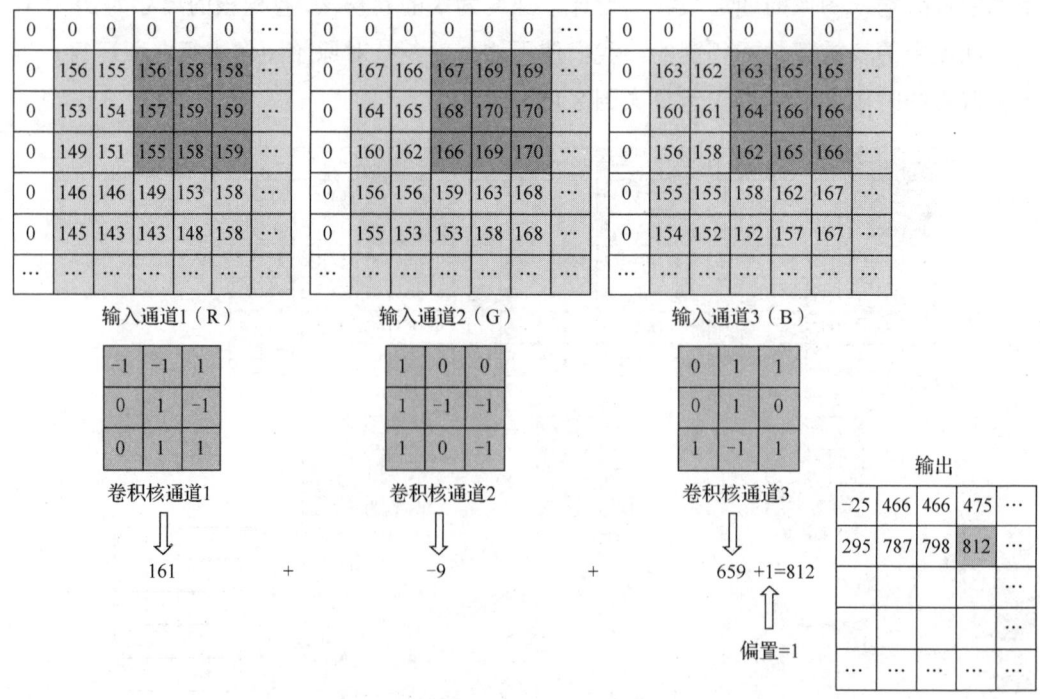

图8.16　多通道单卷积核的卷积运算示意（3）

2. 多通道多卷积核

一般情况下，固定的卷积核只能完成某种特征提取，但是大部分情况下需要同时提取多种特征，提取多种特征后再组合这些特征便相当于得到更高层次的抽象。提取多种特征可以通过增加卷积核的个数来实现。

前面我们讲的不论输入通道是多还是少，输出通道总数都是 1。当我们希望多通道输出的时候，就需要为每个输出通道分别创建卷积核，形成多通道多卷积核的模型。在本小节开始时提到了多个特征图，每个特征图都是对应当前卷积核的"产物"，只不过当我们将每个多卷积核分别与输入进行卷积时，其必须与输入通道具有一样的深度。

图 8.17 所示为多通道多卷积核的卷积运算示意，例如输入图像拥有 6 个通道（透明度通道、高光通道等），感受野宽高为 3×3，我们现在设计了 4 个卷积核进行卷积运算，每个卷积核的深度都为 6，对应输入图像的所有特征，通过卷积运算后，我们得到的特征图有 4 个通道（深度为 4），每个卷积核都对应了一个特征图。

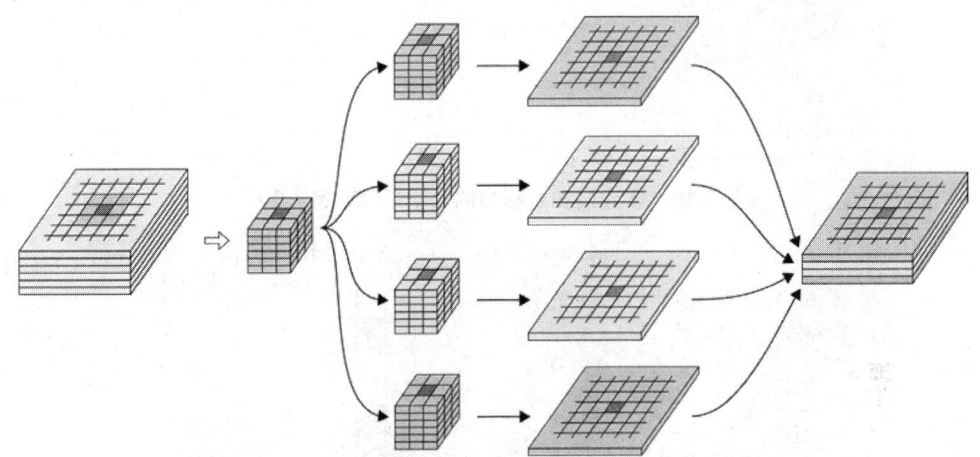

图8.17　多通道多卷积核的卷积运算示意（1）

下面我们再举一个例子说明具体的计算过程。输入图像的通道为 3，图像的宽和高相同，$W=5$，卷积核的宽和高相同，$K=3$，卷积核步幅 $S=2$、填充 $P=1$，特征图宽度的计算公式是：

$$W_\circ = \frac{W - F_W + 2P}{S_W} + 1$$

计算可知，特征图宽度为(5−3+2×1)/2+1=3，图像的宽度和高度相同，所以特征图的大小为 3×3。现在我们使用两个卷积核进行卷积运算，如图 8.18 所示。

图 8.18 所示为第一个卷积核 w_0 对 3 通道输入图像进行卷积过程的第一个输出值计算，卷积的输出结果放在特征图第一个通道的位置（图 8.18 右上角第一个矩阵），我们发现特征图的大小与上面通过公式计算的值是一致的。继续卷积运算，如图 8.19 所示。

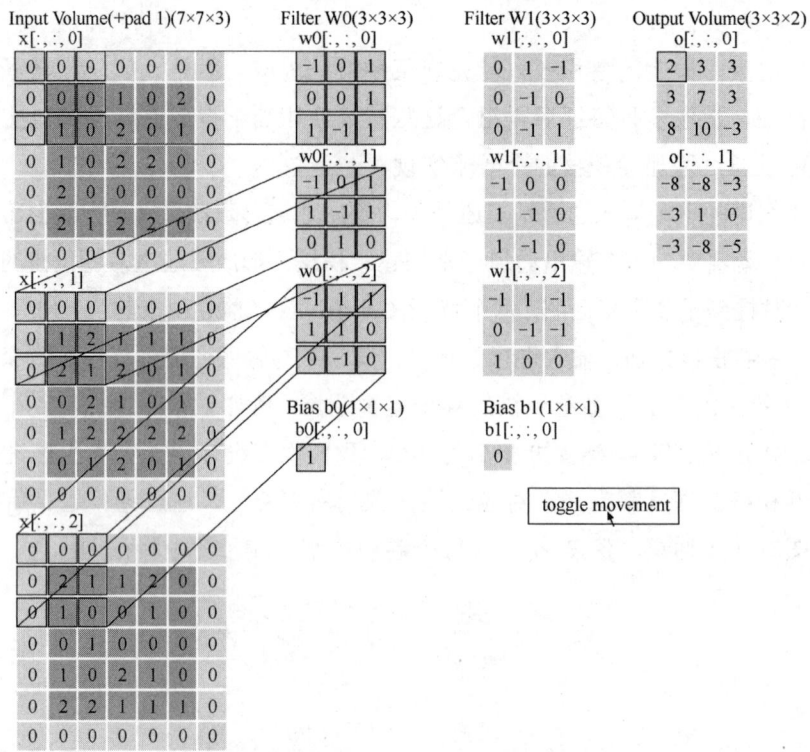

图8.18　多通道多卷积核的卷积运算示意（2）

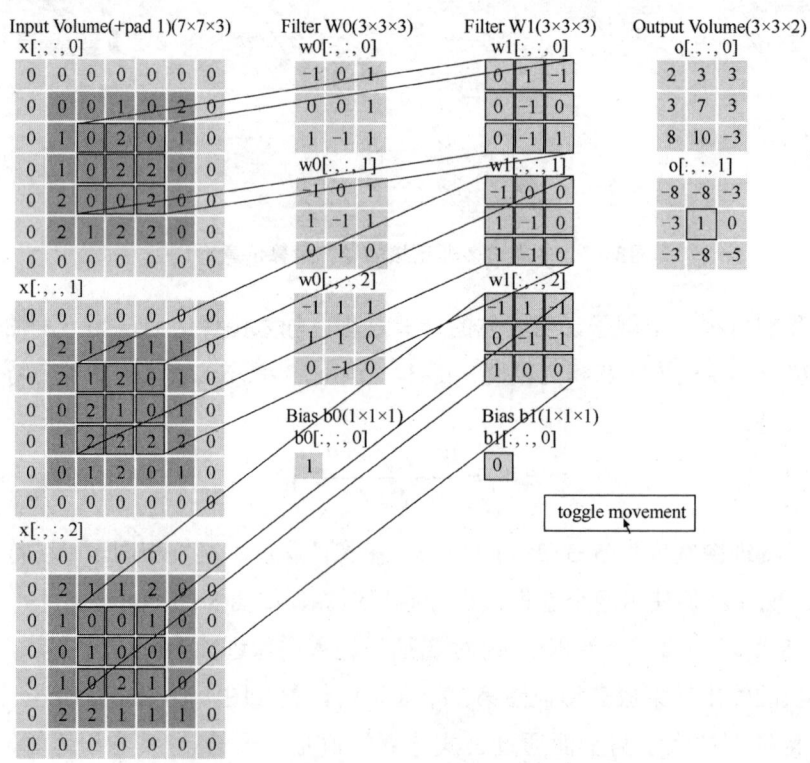

图8.19　多通道多卷积核的卷积运算示意（3）

图 8.19 所示为第二个卷积核 w_1 对 3 通道输入图像进行卷积过程的第五个输出值计算，卷积的输出结果放在特征图第二个通道的位置（图 8.19 右上角第二个矩阵），需要注意的是，对于输出的每个通道都有一个偏置，并在该卷积核每个卷积运算的所有位置共享。

观察可知，对于卷积神经网络的图像输入，卷积核的深度就是通道数。对于卷积网络较深的层，深度是由前一层有多少组卷积核来决定的，卷积核的个数决定了特征图的通道数，后一层卷积层的输入则是前一层卷积层的特征图输出。

另外，每一个卷积核都会生成一个二维的特征图，这些特征图是激活函数作用后的结果。为了方便理解都省略了这一步，但是需要注意偏置和激活函数在卷积层中也是存在的。

在实际应用中，卷积层都是可以并行计算的，由于权值共享，单个卷积核的卷积只能提取一种特征，而通常我们希望网络的每一层都能在很多位置提取多种特征，因此卷积核的数量往往也是多个，通常是十几个、几十个。

8.2.4 池化层

卷积神经网络是一种简单的神经网络，典型的卷积神经网络经过三个阶段。

➢　第一阶段：卷积层并行执行几个卷积运算，以产生一组线性特征组合。

➢　第二阶段：每一个线性组合通过一个非线性激活函数（特征图）。

➢　第三阶段：使用池化层进一步修改层（特征图）的输出。

前两个阶段我们已经非常熟悉了，下面来看第三个阶段。

1. 池化

池化（pooling）是在输出层（特征图）某一个区域进行简单的数学计算，具体是对这个区域的特征值进行统计，之后将计算的值替换为该区域的输出特征值。例如，最大池化操作就是将矩形邻域内的最大输出值当作该区域的特征，可以进一步缩小特征图的尺寸。

模型在学习特征时，池化层起到了保持平移不变的作用。当识别一幅小狗的图像时，如果小狗在图像中平移几个像素的距离也不会影响识别结果，其中一部分原因就是池化保留了原本的特征。

平移不变性示意如图 8.20 所示，我们在卷积层后引入最大池化层，池化层的步幅为 1 个像素，宽和高均为 3 个像素，在特征图区域之间的步幅为 1 个像素。示例中两个池化操作下方的节点被视为输入像素。在上半部分的池化层中，我们只观察宽度方向上的计算，最大池化选取最近的 3 个邻近像素的最大值进行输出。将输入在神经网络中右移 1 个像素后，看下半部分的池化层，最下面输入行中的每个值都发生变化，但池化层中只有一半的值（第 1 个和第 4 个值）发生变化，因为最大池化单元仅对邻近区域中的最大值敏感。

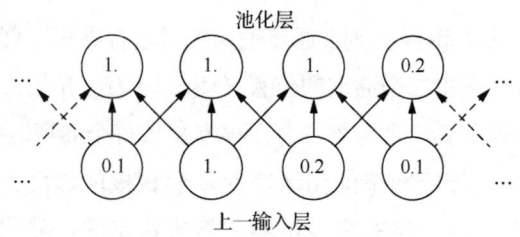

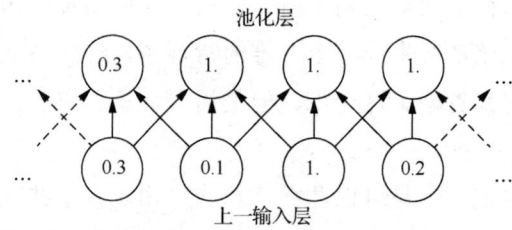

图8.20　平移不变性示意

池化层还能实现对特征图的下采样，大步幅的池化层能够将神经网络的空间维度迅速降低。如果池化宽度为3、池化步幅为2，最大池化表示将缩减为原输入的一半，如图8.21所示。

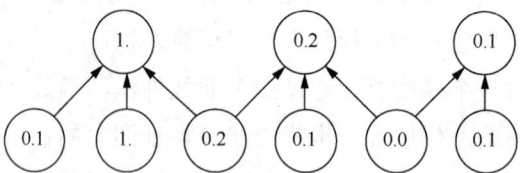

图8.21　池化层对输入的特征图进行缩减

2. 池化层的种类

一般来说，我们会在卷积神经网络的连续卷积层之间选择性地插入池化层。我们只需要定义池化层的形状即可，比较流行是2×2、3×3的形状，在原图比较大的情况下会用到3×3的形状，这能将其缩减为原来的$\frac{1}{9}$。

我们可以根据池化层输出计算公式来计算输出的大小，例如原图宽高为w，池化宽度为k，步幅为s，那么输出O为：

$$O = \frac{w-k}{s} + 1$$

池化层的下采样可以使卷积层的权重参数进一步减少，不仅对降低计算成本有很大作用，而且能够避免过拟合。一般我们用到的池化层分为两种：最大池化层和平均池化层。

最大池化层通常用于卷积神经网络，其主要能减小空间，并缓慢地割裂空间关系，以创建平移不变性。

平均池化层通常被用作神经网络的最后几层，有些网络结构上平均池化层甚至可以替代全连接层。

任务 8.3 LeNet 实现图像分类

【任务描述】

了解了卷积神经网络的核心单元——卷积层的原理之后，我们开始探索卷积神经网络的"开山之作"——LeNet。观察 LeNet 的网络结构每一组成部分，通过 Keras 来复现利用 LeNet 完成图像分类任务，最后对比卷积神经网络与全连接神经网络的模型学习能力。

本任务要求掌握 LeNet 的网络结构，并能够使用 Keras 实现 LeNet。

【关键步骤】

（1）了解 LeNet 的网络架构。

（2）通过 Keras 来复现 LeNet 完成图像识别分类任务。

8.3.1 LeNet——开山之作

在本任务中，我们将介绍 20 世纪 90 年代用于手写数字识别和机器打印字符识别的神经网络——LeNet。LeNet 论文在首次发布时第一作者是杨乐昆（Yann LeCun）。在当时，通过梯度下降训练卷积神经网络取得了非常好的结果，这使得卷积神经网络被广泛应用在邮政编码与票据号码任务中，卷积神经网络也因此为世人所知。

图 8.22 所示为 LeNet-5 的网络结构，分为卷积层块和全连接层块。我们可以看到，图 8.22 最左侧为输入图像，图像尺寸为 32 像素×32 像素。第一个卷积层有 6 个卷积核，输出的特征图尺寸为[28, 28, 6]，接着是池化层，特征图尺寸缩小到[14, 14]。第二个卷积层有 16 个卷积核，输出的特征图尺寸为[10, 10, 16]，又经过一个池化层，特征图尺寸缩小到[5, 5]，再后面是 3 个全连接层，但是在这之前有一步操作是将特征图向量展平，也就是将数组中的所有像素元素排成一排，变为有 400 个元素的向量，后面的 2 个全连接层分别有 120 个节点、84 个节点，最后通过有 10 个节点的输出层来进行 10 分类。

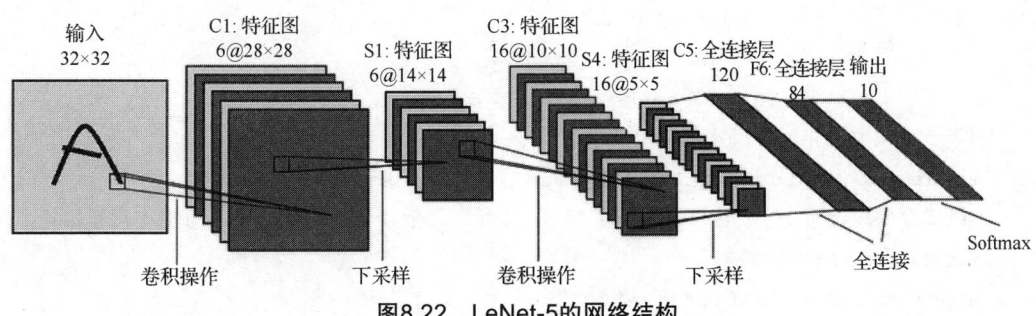

图8.22　LeNet-5的网络结构

8.3.2 LeNet 进行图像分类

从现在的神经网络来看，LeNet 的层数是非常少的。现在我们结合 Keras 快速实现 LeNet，具体的实现过程中我们将修改少许参数，使它们更符合当前模型的结构。

本次实验选用 Fashion-MNIST 数据集，输入的尺寸为 28×28，利用 2 个卷积层，每个卷积层后的池化层我们都选用最大池化层结构，卷积层和全连接层都使用 Sigmoid 函数，输出层使用 Softmax 激活函数。

前面已经使用过 Fashion-MNIST 数据集，使用 Keras 建模的大体流程与之前相同。接下来搭建神经网络，代码如下：

```
#从 Keras 导入内置的 Fashion-MNIST 数据集，从 keras.layers 模块导入卷积层、
#最大池化层、稠密层、Flatten 展平
from keras.datasets import fashion_mnist as fmnist
from keras.utils import to_categorical
from keras import models, optimizers
from keras.layers import Conv2D, MaxPooling2D, Dense, Flatten
#数据集划分与归一化
(x_train, y_train), (x_test, y_test) = fmnist.load_data()
x_train = x_train.reshape((x_train.shape[0], x_train.shape[1],
x_train.shape[2],1))
x_train = x_train.astype('float32') / 255
x_test = x_test.reshape((x_test.shape[0], x_test.shape[1],
x_test.shape[2], 1))
x_test = x_test.astype('float32') / 255
y_train = to_categorical(y_train, 10)
y_test = to_categorical(y_test, 10)
#搭建神经网络
model = models.Sequential()
#第一个卷积层有 6 个卷积核，尺寸为 5×5，步幅 1，选用 Sigmoid 激活函数，输入尺寸为(28, 28, 1)
model.add(Conv2D(filters=6,
               kernel_size=(5, 5),
               strides=(1, 1),
               padding="same",
               activation='sigmoid',
               input_shape=(28, 28, 1)))
#第一个最大池化层，尺寸 2×2，步幅 2
model.add(MaxPooling2D(pool_size=(2, 2), strides=(2, 2)))
#第二个卷积层有 16 个卷积核，尺寸 5×5，步幅 1，全 0 填充，保持输入与输出尺寸相同，
#选用 Sigmoid 激活函数
model.add(Conv2D(filters=16,
```

```
                    kernel_size=(5, 5),
                    strides=(1, 1),
                    padding="same",
                    activation='sigmoid')
          )
#第二个最大池化层，尺寸 2×2，步幅 2
model.add(MaxPooling2D(pool_size=(2, 2), strides=(2, 2)))
#将特征图展平
model.add(Flatten())
#第一个全连接层有 120 个节点，选用 Sigmoid 激活函数
model.add(Dense(120, activation='sigmoid'))
#第二个稠密连接层有 84 个节点，选用 Sigmoid 激活函数
model.add(Dense(84, activation='sigmoid'))
#输出层，10 分类，选用 Softmax 激活函数
model.add(Dense(10, activation='Softmax'))
model.summary()
```

到此为止，LeNet 网络结构的参数详情如图 8.23 所示。

Layer (type)	Output Shape	Param #
conv2d_17 (Conv2D)	(None, 28, 28, 6)	156
max_pooling2d_17 (MaxPooling	(None, 14, 14, 6)	0
conv2d_18 (Conv2D)	(None, 14, 14, 16)	2416
max_pooling2d_18 (MaxPooling	(None, 7, 7, 16)	0
flatten_9 (Flatten)	(None, 784)	0
dense_25 (Dense)	(None, 120)	94200
dense_26 (Dense)	(None, 84)	10164
dense_27 (Dense)	(None, 10)	850

```
Total params: 107,786
Trainable params: 107,786
Non-trainable params: 0
```

图8.23　LeNet网络结构的参数详情

可以看到，大部分参数集中在全连接层，卷积层的参数只占总体非常小的一部分。这也印证了我们前面提到的：卷积神经网络与全连接神经网络相比，在参数数量上存在优势。

接下来配置模型并训练模型。

```
from keras import optimizers
#试训练 10 轮
```

```
NUM_EPOCHS = 10
#使用 Adam 优化器，初始学习率设置为 0.001，损失函数使用多分类交叉熵
model.compile(optimizer=optimizers.Adam(lr=0.001),
              loss='categorical_crossentropy',
              metrics=['accuracy'])
#训练模型，训练集与验证集按 7：3 划分
model.fit(
    x_train,
    y_train,
    epochs=NUM_EPOCHS,
    batch_size=128,
    validation_split= 0.3,
    verbose=1 )
```

模型的训练日志如图 8.24 所示。

```
Train on 42000 samples, validate on 18000 samples
Epoch 1/10
42000/42000 [==============================] - 2s 59us/step - loss: 0.4176 - accuracy: 0.8514 - val_loss: 0.3915 - val_accuracy: 0.8589
Epoch 2/10
42000/42000 [==============================] - 2s 52us/step - loss: 0.3619 - accuracy: 0.8695 - val_loss: 0.3454 - val_accuracy: 0.8772
Epoch 3/10
42000/42000 [==============================] - 2s 52us/step - loss: 0.3283 - accuracy: 0.8811 - val_loss: 0.3221 - val_accuracy: 0.8854
Epoch 4/10
42000/42000 [==============================] - 2s 52us/step - loss: 0.3027 - accuracy: 0.8901 - val_loss: 0.3143 - val_accuracy: 0.8870
Epoch 5/10
42000/42000 [==============================] - 2s 53us/step - loss: 0.2891 - accuracy: 0.8953 - val_loss: 0.2940 - val_accuracy: 0.8931
Epoch 6/10
42000/42000 [==============================] - 2s 50us/step - loss: 0.2662 - accuracy: 0.9034 - val_loss: 0.2849 - val_accuracy: 0.8980
Epoch 7/10
42000/42000 [==============================] - 2s 53us/step - loss: 0.2541 - accuracy: 0.9071 - val_loss: 0.3015 - val_accuracy: 0.8902
Epoch 8/10
42000/42000 [==============================] - 2s 51us/step - loss: 0.2389 - accuracy: 0.9127 - val_loss: 0.2757 - val_accuracy: 0.9006
Epoch 9/10
42000/42000 [==============================] - 2s 52us/step - loss: 0.2237 - accuracy: 0.9170 - val_loss: 0.2822 - val_accuracy: 0.8997
Epoch 10/10
42000/42000 [==============================] - 2s 51us/step - loss: 0.2135 - accuracy: 0.9204 - val_loss: 0.2743 - val_accuracy: 0.9001
```

图8.24　使用LeNet进行图像分类任务的训练日志

通过图 8.24 可以看到，在第一轮训练后模型就趋于收敛，验证集准确率在 86% 左右，我们尝试训练 10 轮，验证集准确率在 90% 左右的时候开始趋于稳定。经典的 LeNet 虽然在手写体识别任务上取得不错的结果，但是如果增加任务复杂度的话，它的性能还是会下降，所以 LeNet 简单的结构并不能支撑现在日益复杂的高分辨率、多通道的图像识别任务。

本章小结

➢　卷积操作是利用卷积核从图像的左上角"滑动"至右下角，每次都与图像对应的像素矩阵做卷积运算。

➢　感受野可以看成是卷积神经网络每一层输出的像素点在输入图片上映射的区域大小。它的存在可以有效地改善全连接神经网络中每个神经元的输出都会受到上一

层所有神经元的影响的问题。

➢ 全连接神经网络的参数量庞大，卷积神经网络通过权值共享极大地减少了神经网络中的参数量。

➢ 多通道的输入决定了卷积核的深度，多卷积核决定了特征图的通道数。

➢ 池化层的作用是有效防止模型的过拟合，包含最大池化层和平均池化层两种类型。

➢ LeNet 是非常经典的卷积神经网络，它使用卷积层、池化层、全连接层来进行图像分类。

本章习题

1. 简答题

（1）概述卷积神经网络与全连接神经网络的差异。

（2）卷积核如何卷积整幅图像？

（3）什么是池化？池化层的种类有哪些？

2. 操作题

参照任务 8.3，使用 LeNet 实现图像分类模型的搭建及训练。

## 第 9 章

卷积神经网络经典结构

技能目标

➤ 了解卷积神经网络的发展演变。

➤ 掌握 AlexNet 结构。

➤ 掌握 VGG 基础构造块。

➤ 了解 GoogLeNet Inception 块，理解 1×1 卷积核的作用。

➤ 理解 ResNet 设计思想以及残差块的概念。

➤ 理解批量标准化方法。

➤ 理解 DenseNet 设计思想和结构。

本章任务

通过学习本章，读者需要完成以下 4 个任务。读者在学习过程中遇到的问题，可以通过访问课工场官网解决。

任务 9.1　训练深度卷积神经网络。

任务 9.2　进一步增加网络的深度。

任务 9.3　认识并行结构的卷积神经网络。

任务 9.4　把网络深度提升至上百层。

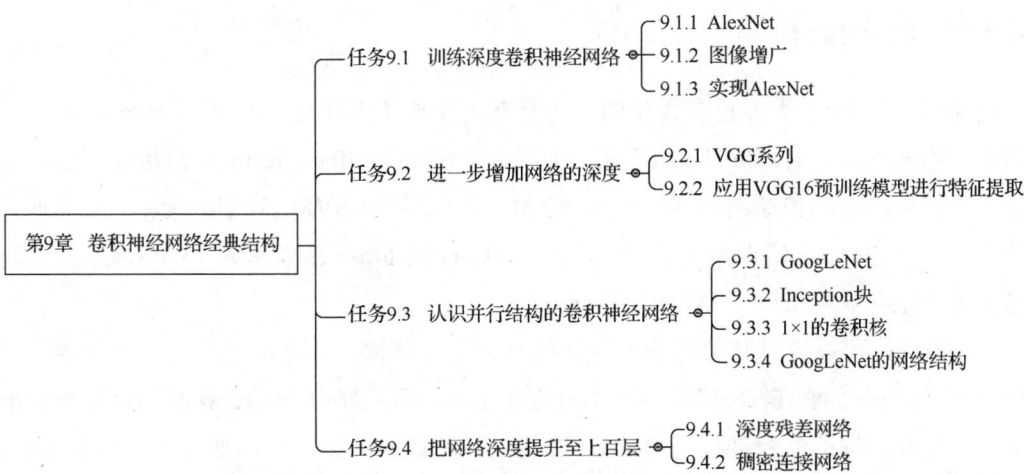

虽然 LeNet 能够在一些字符识别任务上取得不错的效果，但是随着机器学习的发展，科学家们提出了一些更加优秀的、可推理的机器学习算法（如支持向量机等），这些算法在应对图像识别等复杂领域的应用时表现效果甚至优于 LeNet，同时对于当年的计算机硬件来说，多通道、多层、有大量参数的卷积神经网络的计算量是十分庞大的，学者们当时对于凸优化、参数初始化等领域还没有做深入的研究，因此神经网络"低迷"了很长一段时间。

随着互联网与计算机硬件的不断发展，经过人工智能科学家的不懈努力，AlexNet "横空出世"，神经网络又进入高速发展时期。本章主要介绍卷积神经网络的一系列经典结构，同时利用 Keras 实现经典结构的算法。

任务 9.1 训练深度卷积神经网络

【任务描述】

AlexNet 的设计理念与 LeNet 非常类似，但也有些明显的差别，它的深度达到了 8 层，比 LeNet 多 3 层。

本任务要求掌握 AlexNet 的网络结构，并能够使用 Keras 复现网络进行训练。

【关键步骤】

（1）了解 AlexNet 的背景。

（2）记忆 AlexNet 的网络结构参数。

（3）使用 Keras 实现图像增广。

（4）使用 Keras 搭建 AlexNet。

（5）使用 AlexNet 完成图像分类实验。

9.1.1　AlexNet

2012 年，加拿大多伦多大学的亚历克斯·克里泽夫斯基（Alex Krizhevsky）、伊利亚·萨茨克弗（Ilya Sutskever）在杰弗里·辛顿（Geoffrey Hinton）的指导下设计出了一个深层的卷积神经网络 AlexNet，夺得了 2012 年 ILSVRC 竞赛的冠军。在当时，比赛第二名的 top-5 错误率为 26.2%，而 AlexNet 的 top-5 错误率为 15.3%，成绩远超第二名，这在业界引起了非常大的轰动。

AlexNet 可以说是具有里程碑意义的一个网络结构，在它出现之前，深度学习已经沉寂了很长时间。自 2012 年 AlexNet 诞生之后，后几届 ILSVRC 竞赛的冠军基本都使用了逐渐加深的卷积神经网络的方式，这使卷积神经网络成为图像分类的核心算法，同时工业界积极响应，迎来了深度学习的"爆炸式"发展时期。

AlexNet 与 LeNet 的设计理念比较相似，但 AlexNet 的创新之处非常突出。

首先，在网络结构和数据上都较 LeNet 有较大的改进。AlexNet 是一个 8 层的深度神经网络，它利用 2009 年诞生的 ImageNet 数据集，网络结构包括 224 像素×224 像素的彩色图像的输入层，5 个卷积层，2 个全连接隐藏层，以及 1 个全连接输出层，最终 AlexNet 完成了 1000 个大类物体的分类。

AlexNet 第一层的卷积窗口尺寸是 11×11，比 LeNet 的 5×5 要大得多，这是由于 ImageNet 数据集中图像的高和宽均比 MNIST 数据集中图像的高和宽大很多倍，并且 ImageNet 数据集中的图像占用了更多的像素，因此需要比较大的卷积窗口来提取特征。接下来第二层的卷积窗口尺寸减小到 5×5，之后是 3×3。另外，AlexNet 在第一、二、五个卷积层后添加了窗口尺寸为 3×3、步幅为 2 的最大池化层，这降低了输入图像的维度。可以看到，上述的这些操作明显的是开始用尺寸大的卷积核与池化迅速将输入图像的数据降维来提取特征，以对图像特征进行深度提取，卷积的通道数也比 LeNet 深很多，卷积层之后的全连接层使用了 4096 个节点，最终输出层有 1000 个节点，对应 1000 个分类。AlexNet 的网络结构如图 9.1 所示。

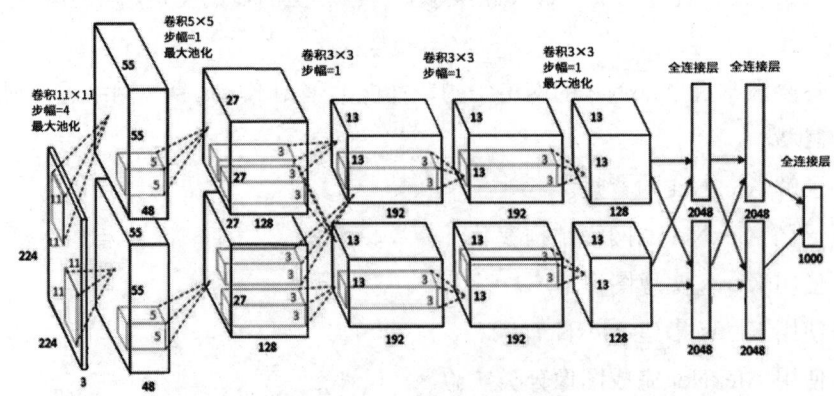

图9.1　AlexNet的网络结构

其次，AlexNet 将激活函数 Sigmoid 改成了更加简单的 ReLU 激活函数。在此之前，传统的神经网络普遍使用 Sigmoid 或者 tanh 等非线性函数作为激活函数，然而使用这些激活函数容易出现问题。如果输入的初始值很大或很小，梯度在反向传播时因为需要乘以 Sigmoid 函数的导数，会造成梯度越来越小，甚至接近于 0，从而出现梯度饱和现象，导致网络变得很难学习。而 ReLU 激活函数在正区间的梯度恒为 1，这样计算量大大减少，收敛速度会比 Sigmoid 或 tanh 函数快很多。

再次，AlexNet 通过丢弃法来控制全连接层的模型复杂度，而 LeNet 并没有使用丢弃法。丢弃法是 AlexNet 中一个很大的创新，丢弃法的具体讲解见任务 7.3。

最后，AlexNet 引入了大量数据。大规模的数据集是成功应用深度神经网络的前提，如果能够在训练神经网络时增加训练数据，就能够有效地提升算法的准确率。更多时候，数据集的数量是很有限的。我们可以通过"图像增广"技术来增加训练数据。下面就着重讲解图像增广（image augmentation）的知识。

9.1.2 图像增广

图像增广技术是通过对训练集图像数据做一系列随机变换（如平移、翻转、裁剪、亮度调节等），从而产生相似但是不相同的训练数据，进而扩大训练集的规模，同时降低模型对某些属性的依赖程度，最终提高模型的泛化能力。

我们可以通过图像处理与技巧，很容易地实现上面那些变换效果，值得注意的是，数据增广仅适用于训练数据集。我们以 Keras 的内置图像增强方法进行演示，代码如下：

```
#Keras 内置图像增广的实现在 keras.preprocessing.image 模块中
from keras.preprocessing.image import ImageDataGenerator
#ImageDataGenerator 对象是一个数据增广生成器，通过随机图像的各个变化参数几乎可
#以无限生成增广后的"新数据"
#实例化 ImageDataGenerator，初始化时可以传入参数，指定图像增广的变化种类
train_datagen = image.ImageDataGenerator(
    rescale=1./255,
    rotation_range=40,
    width_shift_range=0.2,
    height_shift_range=0.2,
    shear_range=0.2,
    zoom_range=0.2,
    horizontal_flip=True,
    fill_mode='nearest')
```

ImageDataGenerator 的参数有很多，我们没必要全部背下来，可以在实验的时候

通过数据来判断需要变化哪些参数。常用的数据增广的参数如下。

> rescale：重放缩因子，默认为 None，参数值将在执行其他处理前乘到整个图像的数据上。图像在 RGB 通道都是 0～255 的整数，为了能使处理后的图像的值不过高或过低，我们将这个值定为 0～1。

> rotation_range：整数，表示数据提升时图像随机转动的角度。随机选择图像的角度，是一个 0～180 的角度数，在[0,指定角度]范围内进行随机角度旋转。

> width_shift_range 和 height_shift_range：用来指定垂直方向和水平方向随机移动的程度，是两个 0～1 的比例值，代表水平方向和竖直方向随机移动的程度。

> shear_range：浮点数，表示剪切强度，即剪切变换的程度。

> zoom_range：浮点数或形如[lower,upper]的列表，表示随机缩放的幅度。若为浮点数，则相当于[lower,upper] = [1 - zoom_range, 1+zoom_range]。

> horizontal_flip：布尔值，表示随机水平翻转。这个参数适用于在水平翻转不影响图像语义的时候缩放变换。

> fill_mode：参数值为"constant""nearest""reflect"或"wrap"之一，当变换超出边界的点时将根据本参数给定的方法进行处理。

下面选取一幅图像，观察处理后的数据增广情况，代码如下：

```
from matplotlib import pyplot as plt
#由于 ImageDataGenerator()对象针对训练数据,数据形状第一个维度代表训练数据中包
#含多少数据
img_path = 'image/cat.jpg'
img = image.load_img(img_path)
x = image.img_to_array(img)
x = x.reshape((1,) + x.shape)
#生成 10 张图像增广数据
i = 0
plt.figure(figsize=(25,10))
for batch in train_datagen.flow(x, batch_size=1):
    plt.subplot(2, 5, i+1)
    imgplot = plt.imshow(image.array_to_img(batch[0]))
    i += 1
    if i % 10 == 0:
        break
plt.show()
```

原始图像如图 9.2 所示，图像增广后的数据如图 9.3 所示。

图9.2　原始图像

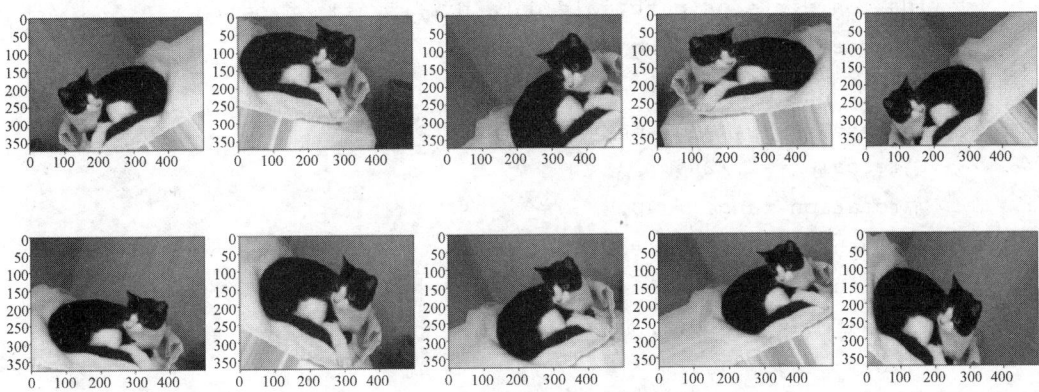

图9.3　图像增广后的数据

9.1.3　实现 AlexNet

虽然表面上 AlexNet 看起来与 LeNet 区别不大，只是多了 3 层而已，但是 AlexNet 体现的思想与观念是研究人员多年努力的结果。

下面通过一个实验来看看 AlexNet 的效果。

由于 ImageNet 数据集太大，并且种类繁多，因此需要较长的时间才能观察到结果。本实验通过训练一个用于二分类的 AlexNet 模型，进行猫狗识别的图像分类任务。

1．读取数据进行图像增广

为这次实验准备数千张猫狗图像数据，数据样例如图 9.4 所示。

图9.4　猫狗数据样例

AlexNet 的原始输入的图片大小为：224×224×3。我们使用 Keras 实现 AlexNet 时，为了处理方便，统一将图像尺寸调整为 227×227×3，并且对数据进行增广。下面为数据读取及增广的代码。

```python
import os
#数据集路径，数据参见电子资料
data_dir = 'data_set'+os.sep+'cats_dogs_dataset'
train_dir = os.path.join(data_dir, 'train')
validation_dir = os.path.join(data_dir, 'validation')
from keras.preprocessing import image
#初始化训练集图像增广生成器
train_datagen = image.ImageDataGenerator(
    rescale = 1./255,
    rotation_range = 40,
    width_shift_range = 0.2,
    height_shift_range = 0.2,
    shear_range = 0.2,
    zoom_range = 0.2,
    horizontal_flip = True,
    fill_mode = 'nearest')
#初始化验证集图像增广生成器
val_datagen = image.ImageDataGenerator(rescale = 1./255)
#构建训练数据生成器，输入尺寸为 227×227，默认 3 通道
train_generator = train_datagen.flow_from_directory(
    train_dir,
    target_size = (227,227),
    batch_size = 32,
    class_mode = 'binary')
#构建验证数据生成器
validation_generator = val_datagen.flow_from_directory(
    validation_dir,
    target_size = (227,227),
    batch_size = 32,
    class_mode = 'binary')
```

上述代码构建了图像增广生成器，用 ImageDataGenerator.flow_from_directory()方法，从文件路径自动读取数据并进行分类。该方法的详细资料请查阅 Keras 官方文档。

2. 构建 AlexNet

下面使用 Keras API 模拟 AlexNet 搭建网络，卷积层与全连接层改用 ReLU 激活函数，此处我们要完成的是二分类任务，因此在输出的时候我们使用 Sigmoid 激活函数。如果是多分类任务，可以使用 Softmax 激活函数。模型搭建代码如下：

```
#导入必要的库
from keras.models import Sequential
from keras.layers.convolutional import Conv2D,ZeroPadding2D
from keras.layers.convolutional import MaxPooling2D
from keras.layers.core import Activation
from keras.layers.core import Flatten
from keras.layers.core import Dropout
from keras.layers.core import Dense
from keras.optimizers import Adam
#AlexNet 实现
class AlexNet:
    @staticmethod
    def build(width, height, depth, classes, reg = None):
        # 初始化序列模型，定义输入形状
        model = Sequential()
        inputShape = (height, width, depth)
        # AlexNet 第一个卷积层有步幅为 4、96 个 11×11 的卷积核，后接尺寸为 3×3、
        # 步幅为 2 的最大池化层
        model.add(Conv2D(96, (11, 11), input_shape=inputShape,
        strides=4, activation="relu"))
        model.add(MaxPooling2D(pool_size=(3, 3), strides=2 ))
        # AlexNet 第二个卷积层有 256 个 5×5 的卷积核，并使用全 0 填充 2 圈，后
        # 接尺寸为 3×3、步幅为 2 的最大池化层
        model.add(ZeroPadding2D(padding=(2, 2)))
        model.add(Conv2D(256, (5, 5), activation="relu"))
        model.add(MaxPooling2D(pool_size=(3, 3), strides=2))
        # AlexNet 第三个卷积层有 384 个 3×3 的卷积核，并使用全 0 填充 1 圈
        model.add(ZeroPadding2D(padding=(1, 1)))
        model.add(Conv2D(384, (3, 3), activation="relu"))
        # AlexNet 第四个卷积层有 384 个 3×3 的卷积核，并使用全 0 填充 1 圈
        model.add(ZeroPadding2D(padding=(1, 1)))
        model.add(Conv2D(384, (3, 3), activation="relu"))
        #AlexNet 第五个卷积层有 256 个 3×3 的卷积核，并使用全 0 填充 1 圈，后
        # 接尺寸为 3×3、步幅为 2 的最大池化层
        model.add(ZeroPadding2D(padding=(1, 1)))
        model.add(Conv2D(256, (3, 3), activation="relu"))
        model.add(MaxPooling2D(pool_size=(3, 3), strides=2))
        # 展平操作
        model.add(Flatten())
        #第一个全连接层有 4 096 个节点，后接 0.5 的丢弃层
        model.add(Dense(4096, activation="relu"))
        model.add(Dropout(0.5))
```

```
#第二个全连接层有 4 096 个节点，后接 0.5 的丢弃层
model.add(Dense(4096, activation="relu"))
model.add(Dropout(0.5))
# 二分类问题，输出层使用了 Sigmoid 激活函数
model.add(Dense(classes))
model.add(Activation("Sigmoid"))
# 返回模型
return model
```

```
# 建立模型结构
# 初始化优化器 Adam，使用了学习率衰减，实验训练 50 轮
EPOCHS = 50
opt = Adam(lr=1e-4, decay=1e-4 / EPOCHS)
#实例化模型，模型输入尺寸 227×227×3 的图像，二分类问题模型最后 1 个输出
model = AlexNet.build(width=227,
                      height=227,
                      depth=3,
                      classes=1)
# 配置模型
model.compile(loss="binary_crossentropy", optimizer=opt, metrics=
["accuracy"])
model.summary()
```

在构建完模型之后，我们可以观察一下网络中的参数情况，如图 9.5 所示。

Layer (type)	Output Shape	Param #
conv2d_1 (Conv2D)	(None, 55, 55, 96)	34944
max_pooling2d_1 (MaxPooling2	(None, 27, 27, 96)	0
zero_padding2d_1 (ZeroPaddin	(None, 31, 31, 96)	0
conv2d_2 (Conv2D)	(None, 27, 27, 256)	614656
max_pooling2d_2 (MaxPooling2	(None, 13, 13, 256)	0
zero_padding2d_2 (ZeroPaddin	(None, 15, 15, 256)	0
conv2d_3 (Conv2D)	(None, 13, 13, 384)	885120
zero_padding2d_3 (ZeroPaddin	(None, 15, 15, 384)	0
conv2d_4 (Conv2D)	(None, 13, 13, 384)	1327488
zero_padding2d_4 (ZeroPaddin	(None, 15, 15, 384)	0
conv2d_5 (Conv2D)	(None, 13, 13, 256)	884992
max_pooling2d_3 (MaxPooling2	(None, 6, 6, 256)	0
flatten_1 (Flatten)	(None, 9216)	0
dense_1 (Dense)	(None, 4096)	37752832
dropout_1 (Dropout)	(None, 4096)	0
dense_2 (Dense)	(None, 4096)	16781312
dropout_2 (Dropout)	(None, 4096)	0
dense_3 (Dense)	(None, 1)	4097
activation_1 (Activation)	(None, 1)	0

```
Total params: 58, 285, 441
Trainable params: 58, 285, 441
Non-trainable params: 0
```

图9.5　AlexNet网络结构与参数情况示意

通过图 9.5 能够发现，AlexNet 的参数主要集中在两个全连接层。有一些参数量为 0 的层代表该层并没有要学习的参数，通常为池化层与 Dropout 层。

到目前为止，我们已经构建了一个 AlexNet，网络初次训练 50 轮，优化器使用 Adam，初始化学习率为 0.0001，并且对学习率进行衰减，网络输入使用尺寸为 227× 227×3 的图像。

3．训练

在 Keras 中训练网络是非常简单的，训练代码如下：

```
model.fit_generator(
    train_generator,
    steps_per_epoch = 50,
    epochs = 50,
    validation_data = validation_generator,
    validation_steps = 10)
```

其中使用了 model.fit_generator()方法，该方法在训练时每次更新参数都迭代一次图像增广生成器。对数据增广时，由于每次都随机调整图像的某些方面，因此可以认为数据是无限的。那么训练样本数该怎么控制呢？我们通过参数 steps_per_epoch 进行控制，样本数=steps_per_epoch×batch_size，batch_size 在图像增广生成器函数中设置。

我们尝试训练了 50 轮，后 7 轮的损失与准确率的变化情况如图 9.6 所示。

```
Epoch 44/50
50/50 [==============================] - 23s 451ms/step - loss: 0.4918 - accuracy: 0.7677 - val_loss: 0.6235 - val_accuracy: 0.8094
Epoch 45/50
50/50 [==============================] - 22s 446ms/step - loss: 0.4691 - accuracy: 0.7746 - val_loss: 0.5308 - val_accuracy: 0.7601
Epoch 46/50
50/50 [==============================] - 22s 442ms/step - loss: 0.4607 - accuracy: 0.7812 - val_loss: 0.6563 - val_accuracy: 0.7469
Epoch 47/50
50/50 [==============================] - 22s 449ms/step - loss: 0.4547 - accuracy: 0.7885 - val_loss: 0.3677 - val_accuracy: 0.7812
Epoch 48/50
50/50 [==============================] - 22s 443ms/step - loss: 0.4839 - accuracy: 0.7664 - val_loss: 0.5405 - val_accuracy: 0.7297
Epoch 49/50
50/50 [==============================] - 23s 465ms/step - loss: 0.4253 - accuracy: 0.8100 - val_loss: 0.6216 - val_accuracy: 0.7656
Epoch 50/50
50/50 [==============================] - 23s 450ms/step - loss: 0.4477 - accuracy: 0.7923 - val_loss: 0.5292 - val_accuracy: 0.7594
```

图9.6　后7轮AlexNet训练情况

可见，模型的准确率在 50 轮的训练中最高能达到 80%，虽然模型学到了一些知识，但总体情况其实是比较差的，无论是模型的损失还是准确率都没有稳定下来。现在简单分析产生这种情况的可能原因。

首先，数据样本比较多样。因为都是基于真实场景的实拍，所以要从多样的数据中提取动物的特征，当数据样本不够充足时，模型的泛化能力是比较难训练的。本次实验用于训练的原始样本中猫和狗的图像共 1000 幅，验证样本中猫和狗的图像各 500 幅。在深度学习中，比较理想的情况是每个单类别样本有 5000 个训练数据，这里毋庸置疑的是我们的数据量比较少。虽然图像增广从一定程度上能缓解数据量少的情况，但是在原始样本较少的情况下，图像增广不会有很大的作用。

其次，验证集的样本分布与训练集的样本分布可能存在一定偏差，当数据量少的时候，这种情况就会更加严重。模型在训练集可能还没有完全学会提取猫或狗的特征，当遇到一些数据差异比较大的图像时，就会严重影响判断结果。

另外，超参数都不是经过多次实验得到的，训练轮数也只有 50 轮而已，多次实验肯定能改善结果。

还有一系列原因，例如图像预处理中直接强制将输入拉成 227×277 的尺寸，可能会影响样本的特征表达等，这里就不一一赘述了。深度学习是一门偏向于实验的学科，如果想得到良好的结果，一定少不了多次重复的实验。

任务 9.2　进一步增加网络的深度

【任务描述】

继 AlexNet 的优秀表现之后，在 2014 年 ILSVRC 竞赛中，英国牛津大学提出了一系列更深的网络，如 VGG11、VGG13、VGG16、VGG19 等，这些网络进一步提升了神经网络的深度，并在 ImageNet 分类任务中取得不错的成绩。

本任务要求掌握 VGG 系列的网络，并能够使用 VGG16 的卷积层进行图像特征的提取。

【关键步骤】

（1）了解 VGG 的网络基本构成。

（2）掌握 VGG 与 AlexNet 的差异。

（3）掌握 VGG16 与 VGG19 的组成。

（4）调用 Keras API 加载 VGG16 的预训练模型。

（5）使用 VGG16 进行图像特征的提取。

（6）基于图像特征训练分类模型。

9.2.1　VGG 系列

2014 年，英国牛津大学计算机视觉组和谷歌 DeepMind 公司的研究人员一起研发出了新的深度卷积神经网络——VGGNet，并取得了 2014 年 ILSVRC 竞赛分类项目的第二名（第一名是 GoogLeNet）和定位项目的第一名。

AlexNet 的优秀表现引导业界朝着更深层的网络模型方向研究，而 VGGNet 探索了卷积神经网络的深度与其性能之间的关系,成功地构建了 11～19 层深度的卷积神经网络，证明了增加网络的深度能够在一定程度上影响网络最终的性能，使错误率大幅下降，同时其拓展性很强，在其他图像数据上的泛化能力也非常好。到目前为止，

VGGNet 仍然被用来提取图像特征。

　　VGGNet 可以看成加深版本的 AlexNet，都是由卷积层、全连接层两大部分构成的。在图 9.7 所示的 VGG16 的网络结构中，带有参数的层有 16 个，其中卷积层的堆叠比较有规律，使用了 2 个"卷积—卷积—池化"的结构块，后面又使用了 3 个"卷积—卷积—卷积—池化"的结构块，最后连接了 3 个全连接层。

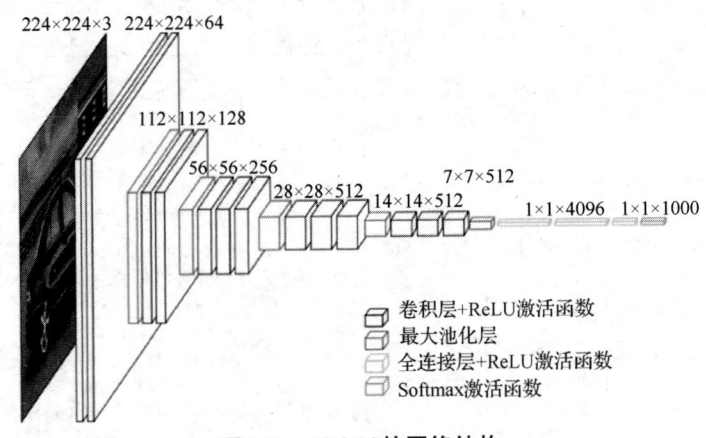

图9.7　VGG16的网络结构

　　VGGNet 对 AlexNet 的改变如下。

　　➤　层数进行了提升，最高提升到 19 层。

　　➤　网络中卷积层全部使用 3×3 的卷积核，减少了参数，进行了更多的线性映射，增加了网络的表达能力。

　　➤　池化层的池化核尺寸为 2×2，步幅为 2。

　　VGGNet 中全部使用 3×3 的小卷积核，而不是 AlexNet 中使用的 7×7 的卷积核。那么为什么使用小卷积核而非大卷积核呢？这是因为虽然大尺寸的卷积核可以带来更大的感受野，但也意味着更多的参数。我们可以用两个连续的 3×3 的卷积层（步幅为 1）组成的小网络来代替单个的 5×5 的大卷积层，在保持感受野范围的同时又减少了参数量。

　　VGG 系列的网络结构来自论文 *Very Deep Convolutional Networks for Large-Scale Image Recognition*。VGG 系列是指拥有相似的 VGG 结构块但具有不同层数的 VGG 网络。VGG 系列的网络结构如图 9.8 所示。

　　这篇论文测试了 6 种网络结构，分别是网络结构 A、A-LRN、B、C、D、E。这些网络结构非常相似，都是由 5 个卷积结构块与 3 个全连接层组成的，主要区别在于每个卷积结构块的卷积层数量不同。这些网络结构依次增加卷积层层数，总的网络深度从 11 层到 19 层。其中，网络结构 D、E 分别是 VGG16 与 VGG19。

ConvNet Configuration					
A	A-LRN	B	C	D	E
11 weight layers	11 weight layers	13 weight layers	16 weight layers	16 weight layers	19 weight layers
input (224×224 RGB image)					
conv3-64	conv3-64 **LRN**	conv3-64 **conv3-64**	conv3-64 conv3-64	conv3-64 conv3-64	conv3-64 conv3-64
maxpool					
conv3-128	conv3-128	conv3-128 **conv3-128**	conv3-128 conv3-128	conv3-128 conv3-128	conv3-128 conv3-128
maxpool					
conv3-256 conv3-256	conv3-256 conv3-256	conv3-256 conv3-256	conv3-256 conv3-256 **conv1-256**	conv3-256 conv3-256 **conv3-256**	conv3-256 conv3-256 conv3-256 **conv3-256**
maxpool					
conv3-512 conv3-512	conv3-512 conv3-512	conv3-512 conv3-512	conv3-512 conv3-512 **conv1-512**	conv3-512 conv3-512 **conv3-512**	conv3-512 conv3-512 conv3-512 **conv3-512**
maxpool					
conv3-512 conv3-512	conv3-512 conv3-512	conv3-512 conv3-512	conv3-512 conv3-512 **conv1-512**	conv3-512 conv3-512 **conv3-512**	conv3-512 conv3-512 conv3-512 **conv3-512**
maxpool					
FC-4096					
FC-4096					
FC-1000					
soft-max					

图9.8 VGG系列的网络结构

9.2.2 应用VGG16预训练模型进行特征提取

本小节主要使用预训练好的VGG16模型进行特征提取。使用预训练模型有缺点，也有优点。优点非常明显，例如，在计算机视觉领域中，我们很难在个人计算机上训练一个基于大型数据集的模型，如果大型数据集的样本种类非常多并且涵盖的领域非常广的话，我们几乎可以认为这个模型较为通用。在一般的图像任务中，便可以使用预训练模型前面的卷积层进行特征提取，节省大量时间的同时可以保证良好的效果。缺点也比较明显，例如训练时间过长、调参难度大、需要的存储容量大、不利于部署等。

使用预训练模型的方法其实有一个专属术语，叫作迁移学习。当然，迁移学习并不是简单地直接套用预训练模型，它需要一些微调的步骤。这里我们只关注使用预训练模型进行特征提取。

本次实验数据集继续选用猫和狗的图像数据，处理思路是使用预训练好的VGG16模型提取猫和狗的图像数据特征张量，接着将特征张量当作一个多层感知机的输入，输出是二分类的概率值。

1. 数据读取

下面加载训练集、验证集、测试集的路径，便于后面加载数据，代码如下：

```
#导入常用的库
import os
import matplotlib.pyplot as plt
import numpy as np
#数据集路径拆分
data_dir = 'data_set'+os.sep+'cats_dogs_dataset'
train_dir = os.path.join(data_dir, 'train')
validation_dir = os.path.join(data_dir, 'validation')
test_dir = os.path.join(data_dir, 'test')
```

2. 使用 Keras 加载 VGG16 模型与权重

Keras 内置的 API 已经提供了 VGG 的模型结构，我们使用下面的代码加载 VGG16 模型。第一次使用可能需要从 GitHub 自动下载模型的权重参数，权重参数所占空间约为 56 MB。使用以下代码实现上述过程。

```
from keras.applications import VGG16
vgg_model = VGG16(weights="imagenet", include_top=False, input_shape=
(150,150,3))
vgg_model.summary()
```

实例化 VGG16 类时，其接收的参数 weights="imagenet"代表加载使用 ImageNet 数据集训练的模型权重，include_top= False 代表不加载全连接层，因为模型的卷积层通常用于特征选提取，而全连接层通常用于特征与类别关系映射的建模，最后通过 input_shape= (150,150,3)参数指定输入数据的形状。VGG16 卷积层的结构与参数如图 9.9 所示。

3. 使用预训练 VGG16 卷积层提取特征

我们利用 Keras 的数据生成器，通过 VGG16 的卷积层批量地提取样本的特征图，代码如下：

```
from keras.preprocessing.
image import ImageDataGenerator
#构造数据生成器
datagen = ImageDataGenerator
(rescale=1./255)
```

```
Layer (type)                 Output Shape              Param #
=================================================================
input_1 (InputLayer)         (None, 150, 150, 3)       0
block1_conv1 (Conv2D)        (None, 150, 150, 64)      1792
block1_conv2 (Conv2D)        (None, 150, 150, 64)      36928
block1_pool (MaxPooling2D)    (None, 75, 75, 64)        0
block2_conv1 (Conv2D)        (None, 75, 75, 128)       73856
block2_conv2 (Conv2D)        (None, 75, 75, 128)       147584
block2_pool (MaxPooling2D)    (None, 37, 37, 128)       0
block3_conv1 (Conv2D)        (None, 37, 37, 256)       295168
block3_conv2 (Conv2D)        (None, 37, 37, 256)       590080
block3_conv3 (Conv2D)        (None, 37, 37, 256)       590080
block3_pool (MaxPooling2D)    (None, 18, 18, 256)       0
block4_conv1 (Conv2D)        (None, 18, 18, 512)       1180160
block4_conv2 (Conv2D)        (None, 18, 18, 512)       2359808
block4_conv3 (Conv2D)        (None, 18, 18, 512)       2359808
block4_pool (MaxPooling2D)    (None, 9, 9, 512)         0
block5_conv1 (Conv2D)        (None, 9, 9, 512)         2359808
block5_conv2 (Conv2D)        (None, 9, 9, 512)         2359808
block5_conv3 (Conv2D)        (None, 9, 9, 512)         2359808
block5_pool (MaxPooling2D)    (None, 4, 4, 512)         0
=================================================================
Total params: 14,714,688
Trainable params: 14,714,688
Non-trainable params: 0
```

图9.9　VGG16卷积层的结构与参数

```
batch_size = 20
```

在构造数据生成器时，我们只对样本做了归一化，并未使用图像增广，这是因为在 ImageNet 数据集上预训练完的模型已经具备了很多物体的特征提取能力。接着定义提取特征函数，代码如下：

```
# 提取特征函数，参数为数据路径与样本数
def extract_features(directory, sample_count):
    # 为 VGG16 最后池化层的输出特征初始化存储张量
    features = np.zeros(shape=(sample_count, 4, 4, 512))
    labels = np.zeros(shape=(sample_count))
    # 从数据样本文件夹按 batch_size 数加载图像
    generator = datagen.flow_from_directory(directory,
                        target_size=(150, 150),
                        batch_size=batch_size,
                        class_mode='binary' )
    i = 0
    for inputs_batch, labels_batch in generator:
        # 通过 VGG16 输入的图像提取特征
        features_batch = vgg_model.predict(inputs_batch)
        features[i * batch_size : (i + 1) * batch_size] = features_batch
        labels[i * batch_size : (i + 1) * batch_size] = labels_batch
        i += 1
        #将样本数内的样本预测出特征，保证每个样本出现一次
        if i * batch_size >= sample_count:
            break
    return features, labels
```

上述代码中的 extract_features() 函数定义的是批量提取样本文件夹内所有样本特征的过程。接下来调用函数将 VGG16 提取的特征图划分为新分类的输入数据，代码如下：

```
#提取特征
train_features, train_labels = extract_features(train_dir, 2000)
validation_features, validation_labels = extract_features
(validation_dir, 1000)
test_features, test_labels = extract_features(test_dir, 1000)
#reshape 到一维，作为全连接层的输入
train_features = np.reshape(train_features, (2000, 4 * 4 * 512))
validation_features = np.reshape(validation_features, (1000, 4 * 4 * 512))
test_features = np.reshape(test_features, (1000, 4 * 4 * 512))
```

到目前为止，我们使用 VGG16 提取了所有样本的特征，并将特征按原数据集的划分情况进行拆分，将其当作输入数据。

4．重新训练分类器

我们仔细分析可以发现，经过 VGG 提取特征的特征图尺寸 reshape 之后为 4×4×512。接下来将上面的特征图作为输入数据，构建一个常见的全连接神经网络来完成图像分类任务，代码如下：

```
from keras import models
from keras import layers
from keras import optimizers
#构建多层感知机
model = models.Sequential()
model.add(layers.Dense(256, activation='relu', input_dim=4*4*512))
model.add(layers.Dropout(0.5))
model.add(layers.Dense(1, activation='Sigmoid'))
model.compile(optimizer=optimizers.Adam(lr=2e-5),
              loss='binary_crossentropy',
              metrics=['acc'])
model.summary()
```

构建的全连接神经网络中只有一个隐藏层，其节点数为 256，激活函数使用 ReLU，输入维度为 4×4×512，后面使用了丢弃率为 0.5 的 Dropout 层，输出为 1 个节点。全连接神经网络的结构与参数如图 9.10 所示。

```
Model: "sequential_1"

Layer (type)             Output Shape          Param #
=================================================================
dense_1 (Dense)          (None, 256)           2097408
_____
dropout_1 (Dropout)      (None, 256)           0
_____
dense_2 (Dense)          (None, 1)             257
=================================================================
Total params: 2,097,665
Trainable params: 2,097,665
Non-trainable params: 0
```

图9.10 全连接神经网络的结构与参数

接着开始训练模型，这些步骤大家应该相当熟悉了，在此就不赘述了，代码如下：

```
history = model.fit(train_features, train_labels,
                    epochs=30,
                    batch_size=batch_size,
                    validation_data=(validation_features,
                                     validation_labels))
```

模型训练 30 轮后，准确率稳定在 0.9。需要注意的是，我们没有使用样本训练 VGG16 的特征提取部分，只是使用了预训练好的 VGG16，可见效果还是不错的。正因如此，业界现在也在广泛引用 VGG 系列进行迁移学习。

下面将训练过程中的损失与准确率指标绘制出来以更直观地观察，代码如下：

```
#准确率日志可视化
acc = history.history['acc']
val_acc = history.history['val_acc']
epochs = range(1, len(acc) + 1)
plt.figure()
plt.plot(epochs, acc, 'bo', label='训练集准确率')
plt.plot(epochs, val_acc, 'b', label='验证集准确率')
plt.title('训练集与验证集准确率曲线')
plt.legend()
plt.show()
```

模型准确率的变化如图 9.11 所示。

```
#损失日志可视化
acc = history.history['loss']
val_acc = history.history['val_loss']
epochs = range(1, len(acc) + 1)
plt.figure()
plt.plot(epochs, acc, 'bo', label='训练集损失')
plt.plot(epochs, val_acc, 'b', label='验证集损失')
plt.title('训练集与验证集损失曲线')
plt.legend()
plt.show()
```

模型损失的变化如图 9.12 所示。

综合模型训练过程中两个指标的变化可以发现，模型虽然精度不错，但是出现了过拟合现象，这很可能是由于样本量不充足导致的，后续我们可以使用正则化方法或增加数据的方式继续进行调整。

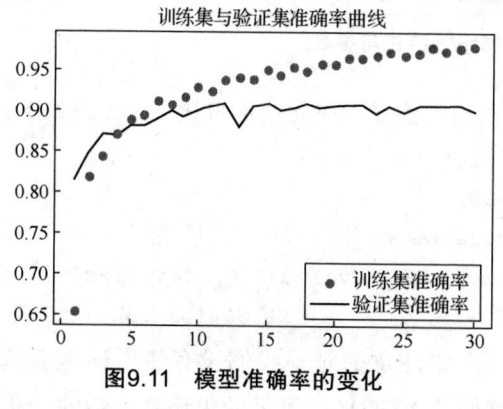

图9.11　模型准确率的变化

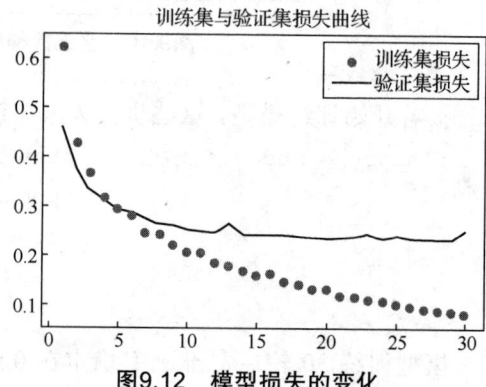

图9.12　模型损失的变化

认识并行结构的卷积神经网络

【任务描述】

前面已经提到过，2014 年 ILSVRC 竞赛分类项目的冠军算法是 Google 公司提出的 GoogLeNet。GoogLeNet 关注的不仅仅是网络的深度，其在网络的宽度上也有所创新。GoogLeNet 采用模块化的设计思想，模型中主要的结构是 Inception 块。Inception 块由尺寸不同的卷积核与池化层并行组成。

本任务要求掌握 GoogLeNet。

【关键步骤】

（1）了解 GoogLeNet 相对于 VGG 的创新。

（2）认识 Inception 块的组成。

（3）了解 1×1 卷积核的作用。

（4）熟悉 GoogLeNet 的网络结构。

9.3.1　GoogLeNet

2014 年诞生了 VGG 系列，同时诞生了 GoogLeNet。GoogLeNet 是 2014 年 ILSVRC 竞赛的冠军算法，它取得了 6.7% 的 top-5 错误率，比 VGG16 的 top-5 错误率低了 0.7%。GoogLeNet 是谷歌公司研究的深度神经网络结构，之所以叫 GoogLeNet，是因为想要向 LeNet 致敬。

相对于 VGG，GoogLeNet 在网络结构上做了更大胆的尝试，它的深度达到 22 层，不仅在深度上有所突破，而且创新性地拓展了网络的宽度（它使用了并行的卷积块）。虽然 GoogLeNet 的网络结构更深、更宽，但不可思议的是，GoogLeNet 的参数量仅是 VGG16 的参数量的 1/3 左右。

一般情况下，对于复杂的数据建模，如果想要提升网络的性能，非常直观的做法就是增加网络的深度，增加网络的神经元数量（宽度），但是"暴力"增加这些参数的结果也可能导致如下不良后果。

➢ 过拟合，复杂网络较容易出现过拟合现象。

➢ 计算量太大，参数量庞大。

➢ 梯度消失，网络越深，反向传播的梯度容易归 0。

针对以上问题，GoogLeNet 团队提出了 Inception 块。Inception 块做到了在增加网络深度和宽度的同时减少参数，并且可以利用密集矩阵的高性能计算。

9.3.2　Inception 块

Inception 块是 GoogLeNet 中的基础卷积块，其第一个版本 Inception v1 的结构如图 9.13 所示。

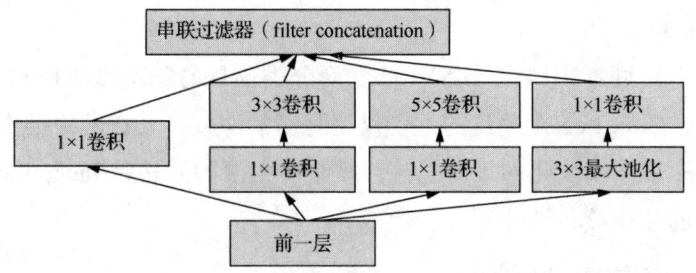

图9.13　Inception v1的结构

图 9.13 所示的 Inception 的结构有 4 条线路，分别将卷积神经网络中常用的卷积核（尺寸为 1×1、3×3、5×5）、最大池化（尺寸为 3×3）并行在一起（卷积、池化后的尺寸相同，与通道相加），一方面增加了网络的宽度，另一方面提高了网络对输入数据尺寸的适应性。

GoogLeNet 中的 Inception 块接收的基本是上一层的输出，由于网络中间的通道数通常会很大，这时使用 5×5 的卷积核需要的计算量也会变得很大。为了避免这种情况，在 3×3 的卷积核前、5×5 的卷积核前与最大池化后分别加上了 1×1 的卷积核。

由于 1×1 卷积核的加入，Inception 块的输入的多个通道被合并为一个通道，最大池化线路后用 1×1 的卷积核降低了中间两条线路输入的通道数，再将所有线路的特征图在通道的维度上堆叠，最终输出到下一层，如图 9.14 所示。注意，这 4 条线路都使用了合适的填充数保持输入与输出的宽和高一致。

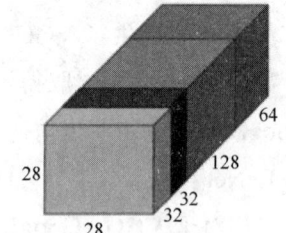

图9.14　Inception块的输出示意

由此可知，可以通过控制输出中每条线路的通道数来控制模型的复杂度。

9.3.3　1×1 的卷积核

Inception 块中大量使用了 1×1 的卷积核，它的主要目的是实现跨通道组织信息，从而提高网络的表达能力，同时可以对输出通道升维和降维，通过设定卷积核的数量可以控制输入数据的通道数，从而降低参数量，避免海量的计算。另外，每个卷积核计算后都需要通过 ReLU 激活函数增加非线性特征。

举例来说，假设网络中上一层的输出为 50×50×128，如果经过本层 64 个 5×5 的卷积核（填充为 2，步幅为 1），那么其中的参数为 128×5×5×64=204800 个（忽略偏置项）。如果在这两层之间加入 64 个 1×1 的卷积核的卷积层，那么参数变为 128×1×1×64+64×5×5×64=110592 个，参数量约为之前的 $\frac{1}{2}$。

9.3.4 GoogLeNet 的网络结构

基于 Inception 块构建的 GoogLeNet 网络结构，如图 9.15 所示。

图9.15 GoogLeNet网络结构

任务 9.4 把网络深度提升至上百层

【任务描述】

通过增加网络的深度可以拓展模型的解空间，这样非常可能找出一些更优解来拟合训练数据。理论上添加网络层可以更容易地降低训练误差。但是在实际中，添加过多的网络层后训练误差反而会升高。这是由于数值不稳定导致梯度消失或梯度爆炸，即使使用了一些优化算法也不能明显地改善这个问题。深度残差网络（residual neural network，ResNet）的提出影响了现代的神经网络的设计，它令神经网络更可能找到更好的解。

本任务中，我们将探索深度残差网络与其延伸出的稠密连接网络（dense convolutional network，DenseNet），这些网络可以应用在当前很多主流的图像识别任务中。

【关键步骤】

（1）了解 ResNet 的背景。

（2）理解残差块中的恒等映射思想。

（3）了解批量归一化。

（4）使用 Keras 实现残差块。

（5）认识 DenseNet 的设计思想。

（6）了解 DenseNet 的稠密连接块与过渡层。

9.4.1 深度残差网络

AlexNet、VGG、GoogLeNet 等网络模型的出现推动了神经网络的发展，并逐渐明确了神经网络的发展方向。在理论上，更深的神经网络意味着模型有更大的解空间，能找到更好的解。业界也发现，随着网络层数的加深，模型有可能有更好的泛化能力。我们来回顾前文的 4 个经典模型。

➢ LeNet 在 20 世纪 90 年代面世，网络深度为 5 层。

➢ AlexNet 在 2012 年面世，网络深度为 8 层。

➢ VGG 在 2014 年面世，网络深度达到 19 层。

➢ GoogLeNet 在 2014 年面世，网络深度达到 22 层。

这些模型均是推动神经网络发展的经典模型。虽然网络深度在不断增加，但是这些模型的网络深度少的有 5 层，最多的也只有 22 层，似乎与"深度"这个词并不挂钩。要知道，这些模型在业界都是远近闻名的，那么为什么不能把网络深度加到成百上千层呢？

在实践应用中，网络在加深以后会变得越来越难训练，并且可能由于梯度消失造成模型的训练误差不降反升。当神经网络有比较多的层数时，参数更新的梯度信息由网络的输出层逐层传向网络的输入层，传递的过程中会出现梯度接近于 0 的现象。网络层数越多，梯度消失的现象会越严重。

针对这种问题，2015 年，微软亚洲研究院的何恺明等人提出了 ResNet。ResNet 有 18 层、34 层、50 层、101 层、152 层等多种结构，并成功训练出了上千层的网络。ResNet 在 2015 年 ILSVRC 竞赛上获得了第一名的成绩，在多个任务中均有非常好的表现，其深刻影响了后来的深度神经网络。

1. 残差块

ResNet 的核心结构是残差块。残差块的核心思想是：假设有一个比较浅的神经网络已达到了饱和的准确率，这时在它后面再加几个恒等映射层（$y=x$，输出等于输入），相当于在增加网络深度的同时误差不会增加，即更深的网络不会造成训练集上误差的上升。

残差块在输入和输出之间设计了一条直接连接的跳跃连接（skip connection），这种机制使神经网络具有了回退能力。也就是说，在优化损失函数时，深层神经网络根据参数的需要，能够自动回退到浅层神经网络。这种设计使得在最差的情况下深层神经网络即使全部回退到浅层神经网络，效果起码不会比原来浅层神经网络的效果更差，而且在需要更多的参数时网络可以根据优化目标的情况自动更新多余层的参数，增加了网络深度。

为了方便读者理解，我们进一步讲解残差块的跳跃连接。图 9.16 所示为残差块示意。

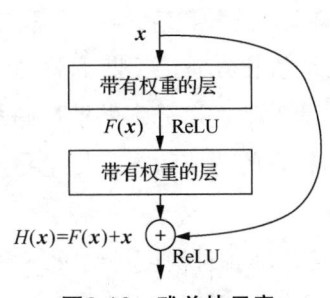

图9.16　残差块示意

图 9.16 中，x 表示神经网络局部输入，$H(x)$ 表示期望输出，即 $H(x)$ 是期望的复杂映射关系。如果已经学习到较饱和的准确率，那么再学习这样的映射关系时，不但增加了训练难度，而且可能学习完这层后训练误差会变大。所以接下来的学习目标就转变为恒等映射的学习，即使输入 x 近似于输出 $H(x)$，也可以保证在后面的层中不会造成精度下降。

图 9.16 中，通过跳跃连接的方式，直接把输入 x 作为激活函数的初始输入，输出结果为 $H(x)=F(x)+x$。当 $F(x)=0$ 时，$H(x)=x$，也就是前面所提到的恒等映射。于是，ResNet 相当于将学习目标改变了，目标不再是学习一个完整的输出，而是学习 $H(x)$ 和 x 的差值，即所谓的残差 $F(x)=H(x)-x$。从反向传播的角度看，引入残差就等价于给导数加上了一个恒等项 1，这样使得当导数很小时，仍能进行反向传播，使得随着网络的加深，准确率不会下降。

为了使输入 x 与输出 $H(x)$ 能够运算，需要使输入 x 的形状与输出 $H(x)$ 的形状完全一致。当出现形状不一致时，一般通过在图 9.16 中的 identity 位置添加额外的卷积运算，将输入 x 变换为与 $H(x)$ 相同的形状，在变换 x 的形状时，通常用 1×1 的卷积核调整其通道数。

这种残差块结构突破了传统神经网络前后两层相互连接的惯例，使某一层的输出可以直接跨过几层作为后面某一层的输入，其意义在于为叠加多层网络时整个学习模型的错误率不降反升的难题提供了新的解决方向。

至此，神经网络的层数可以超越之前的约束，达到几十层、上百层甚至上千层，为高级语义特征提取和分类提供了可行性。

2. 批量归一化

ResNet 中引入了一种到此我们还未见到过的层，这种层叫作批量归一化（batch normalization，BN）层，是由谷歌公司的研究人员 Sergey Ioffe 在 2015 年提出的。BN 层的提出让较深的神经网络的训练变得更加容易，具体表现在其可以更加自由地设定学习率、网络初始化超参数，同时网络的收敛速度更快，性能也更好。

一般来说，数据预处理的标准化对于一些浅层神经网络就足够有效了，因为网络本身较浅，数据在传播过程中不易出现很大的抖动。但是对深层神经网络来说，数据在多层网络的传递中很容易出现剧烈的抖动，这种数值计算的不稳定导致模型的表现很差。

BN 层利用小批量数据的均值和方差，不断调整神经网络的中间输出。在卷积运算之后，应用激活函数之前，我们按通道分别做批量归一化。当然我们会尽量设置大一些的批量，使得批量数据内样本的均值和方差尽量稳定，但是在预测时我们通常会使用整个训练集样本的均值和方差。

BN 层在提出后便广泛地应用在各种深度神经网络模型上，卷积层、BN 层、ReLU 层、池化层一度成为网络模型的标配单元，通过堆叠"卷积层—BN 层—ReLU 层—池化层"的方式往往可以使模型获得不错的性能。

3. ResNet 网络结构

图 9.17 所示为 VGG19 的网络结构、34 层的普通卷积神经网络及 34 层的 ResNet 的网络结构的比较。ResNet 通过堆叠残差块，达到了较深的网络层次，并且在训练后能够得到非常好的性能。

在图 9.17 中，实线连接表示卷积层的通道相同，第一条实线至第三条实线包含的卷积层都是 3×3×64 的特征图，由于通道相同，因此采用的计算方式为 $H(x)=F(x)+x$。
虚线连接表示卷积层的通道不同，其中 W 表示卷积操作，用来调整 x 的维度。

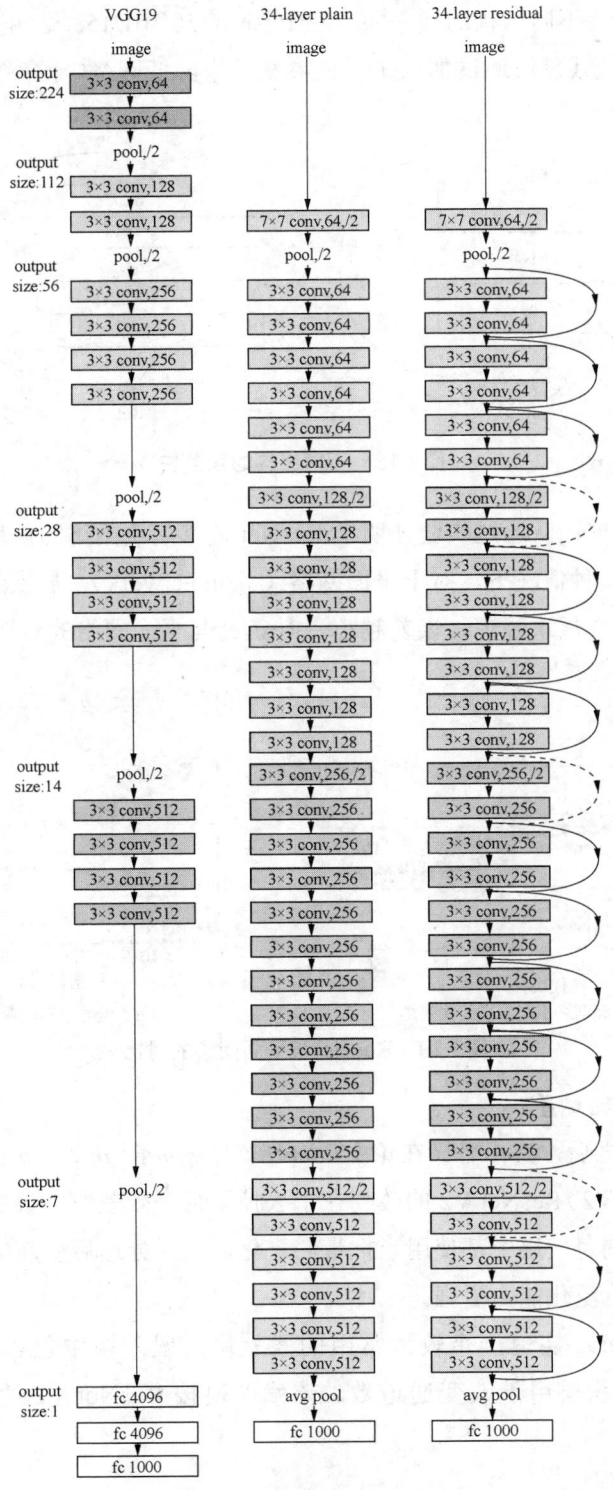

图9.17　3种网络结构的比较

我们之前提到残差块有两个卷积操作，对于更深的 ResNet，残差块可能还有更多的卷积操作。

图 9.18 所示为不同结构的残差块。在 ResNet 50/101/152 结构中使用的是图 9.18 右侧的残差块，该残差块通过加入 1×1 的卷积核来降低网络中的参数量。

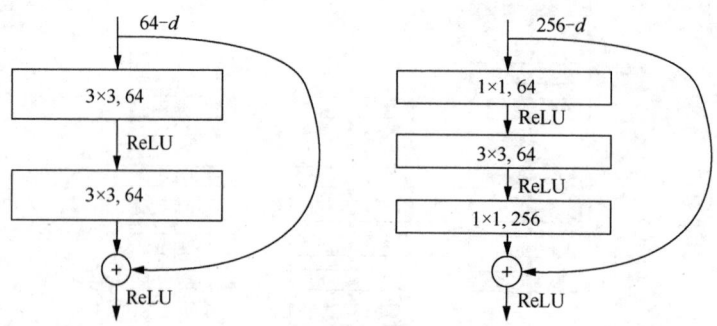

图9.18　不同结构的残差块

ResNet 的研究团队通过实验证明了 ResNet 能够解决网络随深度增加而退化的问题。实验证明在某种情况下，对于平面网络（plain network），层次越深，误差越大，对于 ResNet 网络，层次越深，误差越小。ResNet 与平面网络的对比如图 9.19 所示。

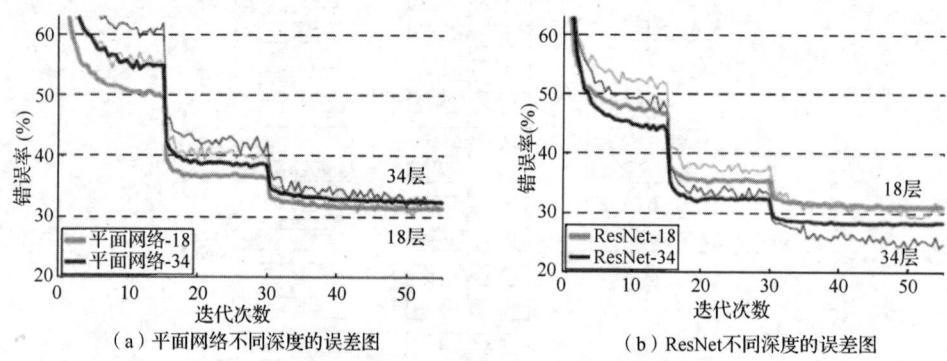

（a）平面网络不同深度的误差图　　　　　　（b）ResNet不同深度的误差图

图9.19　ResNet与平面网络的对比

4. Keras 实现残差块

ResNet 诞生之后，其作者又在论文 *Identity Mappings in Deep Residual Networks* 中提出了 ResNet V2。ResNet V2 的改变在于去掉了每个残差块中最后的非线性激活函数，并在残差块的每一层中都使用了批量归一化，这样处理后，新的残差学习单元比以前更容易训练且泛化能力更强。

下面使用 Keras 实现一个较为常用的残差块，残差块中包含 3 个卷积层，其中两个 1×1 的卷积层用于改变通道数。该残差块按 ResNet V2 的风格编写，代码如下：

```
# 导入需要的库
```

```
from keras.layers.normalization import BatchNormalization
from keras.layers.convolutional import Conv2D
from keras.layers.core import Activation
from keras.layers import Flatten
from keras.layers import Input
from keras.layers import add
from keras.regularizers import l2
#残差模块函数定义了残差块的结构与计算，调用时传入函数式模型即可
def residual_module(data, K, stride, chanDim,
                    red=False, reg=0.0001,
                    bnEps=2e-5, bnMom=0.9):
    # ResNet 的恒等映射部分初始化为输入数据
    shortcut = data
    # ResNet 残差块的第一层 1×1 的卷积核
    bn1 = BatchNormalization(axis=chanDim,
                             epsilon=bnEps,
                             momentum=bnMom)(data)
    act1 = Activation("relu")(bn1)
    conv1 = Conv2D(int(K * 0.25), (1, 1), use_bias=False,
             kernel_regularizer=l2(reg))(act1)
    # ResNet 残差块的第二层 3×3 的卷积核
    bn2 = BatchNormalization(axis=chanDim,
                             epsilon=bnEps,
                             momentum=bnMom)(conv1)
    act2 = Activation("relu")(bn2)
    conv2 = Conv2D(int(K * 0.25),
             (3, 3),
             strides=stride,
             padding="same",
             use_bias=False,
             kernel_regularizer=l2(reg))(act2)
    # ResNet 残差块的第三层 1×1 的卷积核
    bn3 = BatchNormalization(axis=chanDim,
                             epsilon=bnEps,
                             momentum=bnMom)(conv2)
    act3 = Activation("relu")(bn3)
    conv3 = Conv2D(K,
             (1, 1),
             use_bias=False,
             kernel_regularizer=l2(reg))(act3)
```

```
# 如果卷积部分要减小尺寸大小，同时需要在恒等映射上使用 1×1 卷积改变维度
if red:
    shortcut = Conv2D(K, (1, 1),
                        strides=stride,
                        use_bias=False,
                        kernel_regularizer=l2(reg))(act1)
# 将恒等映射和最终的卷积输出相加
x = add([conv3, shortcut])
#返回 ResNet 残差块
return x
```

上述代码中，部分参数的意义如下。

➤ data：定义上一层的输出。

➤ K：定义残差块的输出通道数。

➤ stride：定义 3×3 卷积层的步幅。

➤ chanDim：定义应用批量归一化数据的轴。

➤ red：定义是否对恒等映射进行 1×1 卷积，以调整输入通道数。

➤ reg：定义正则化的超参数。

➤ bnEps：用于避免批量归一化除以 0。

➤ bnMom：定义批量归一化动态均值的动量。

9.4.2　稠密连接网络

ResNet 的映射思想已取得了令人瞩目的成果，业界开始探索基于跳跃连接的网络，其中比较出色的便是稠密连接网络（DenseNet）。DenseNet 就如它的名字一般，为了确保网络层之间的最大信息流，它将所有层直接彼此连接。与 ResNet 不同的是，DenseNet 没有通过对输入与卷积的特征图求和来组合特征，而是通过连接它们的方式来组合特征。因此第 x 层（输入层不算在内）将有 x 个输入，这些输入是之前从所有层提取出的特征信息。

图 9.20 所示为稠密连接块。输入 x_0 通过 H_1 卷积层得到输出 x_1，x_1 与 x_0 在通道轴上进行拼接，得到拼接后的特征张量，将其送入 H_2 卷积层，得到输出 x_2，同样的方法，x_2 与前面所有层的特征信息进行拼接，再送入下一层。如此循环，直至最后一层的输出 x_4 和前面所有层的特征信息进行拼接，得到模块的最终输出。这样一种基于稠密连接的模块叫作稠密连接块。

DenseNet 通过堆叠多个稠密连接块构成复杂的深层神经网络。图 9.21 所示为由 3 个稠密连接块组成的 DenseNet。

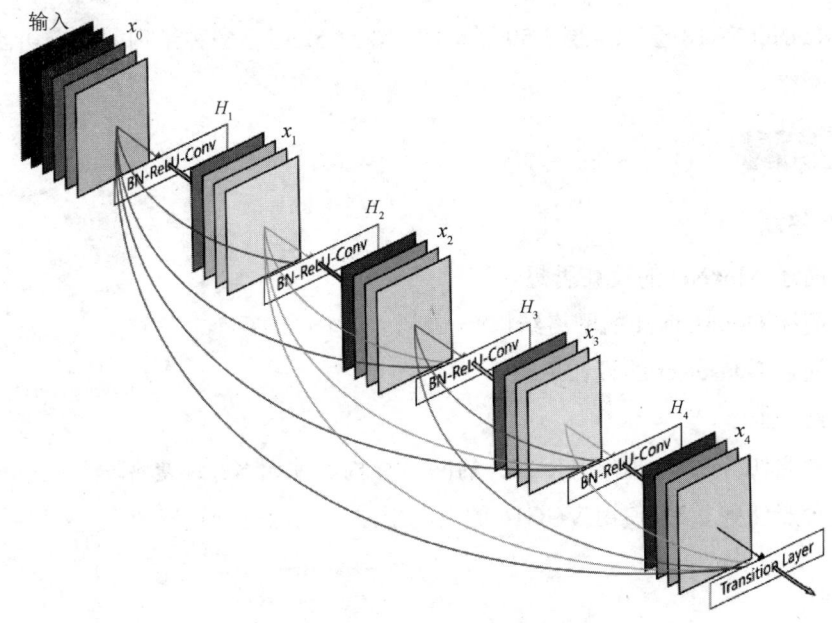

图9.20　稠密连接块

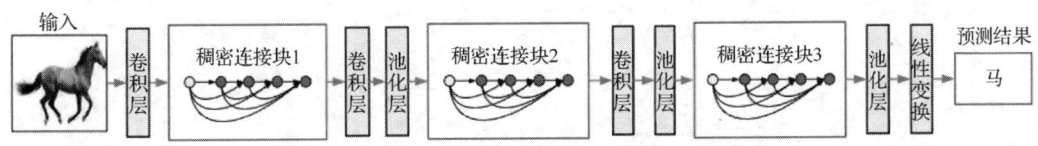

图9.21　DenseNet示意

我们发现，图 9.21 中还有一些额外的卷积层，这些卷积层有什么用呢？我们仔细思考，当特征图的大小改变时，图 9.21 中使用的密集连接操作是不可行的。然而，卷积神经网络中一个非常重要的部分就是改变特征图大小的池化层。为了简化架构中的池化层，我们将网络划分为多个稠密连接块，将稠密连接块之间的层称为过渡层，它执行卷积和合并。实验中使用的过渡层由 BN 层、1×1 的卷积层及 2×2 的平均池化层组成。

DenseNet 引入了具有相同特征映射尺寸的任意两个层之间的直接连接。通过实验发现，DenseNet 可以自然地扩展到数百层，且没有表现出优化困难。

本章小结

➤ AlexNet 有 8 层，使用了大量的参数，训练集使用 ImageNet。AlexNet 的出现掀起了深度学习的浪潮。

➤ VGG 进一步增加了网络深度，性能上表现优秀，常用的有 VGG16、VGG19。

➤ GoogLeNet 的核心是 Inception 块，Inception 块是拥有 4 条线路的子网络，它通过不同形状的卷积层与池化层来提取特征，并大量使用了 1×1 的卷积核。

➢ ResNet 有 18 层、34 层、50 层、101 层、152 层等多种结构，并成功训练出了上千层的网络。

本章习题

1. 简答题

（1）简述 AlexNet 的设计思想。

（2）简述 GoogLeNet 的网络结构。

（3）简述 DenseNet 的设计思想。

2. 操作题

（1）参照任务 9.1，理解 AlexNet 的网络结构，使用 Keras 复现网络进行训练。

（2）参照任务 9.2，使用 VGG16 的卷积层进行图像特征提取。

循环神经网络

➢ 了解时序数据的特点。

➢ 了解将文本数据向量化的方法。

➢ 掌握循环神经网络。

➢ 理解 LSTM 的原理。

➢ 了解 LSTM 的变体 GRU。

本章任务

通过学习本章，读者需要完成以下 3 个任务。读者在学习过程中遇到的问题，可以通过访问课工场官网解决。

任务 10.1　对时序数据建模。

任务 10.2　增加循环神经网络的记忆。

任务 10.3　优化长短期记忆网络。

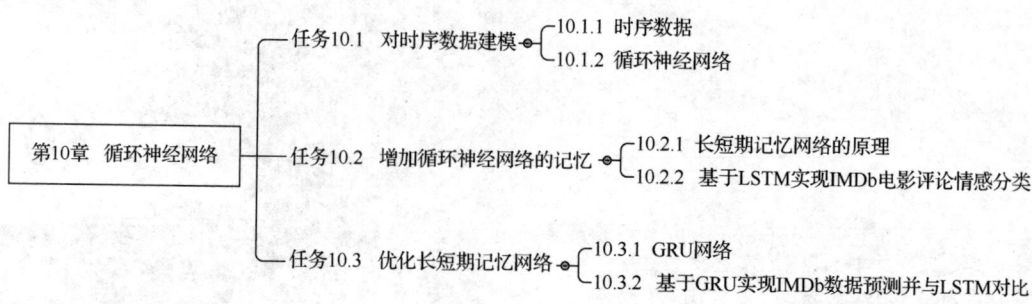

任务10.1 对时序数据建模 — 10.1.1 时序数据
10.1.2 循环神经网络

第10章 循环神经网络 — 任务10.2 增加循环神经网络的记忆 — 10.2.1 长短期记忆网络的原理
10.2.2 基于LSTM实现IMDb电影评论情感分类

任务10.3 优化长短期记忆网络 — 10.3.1 GRU网络
10.3.2 基于GRU实现IMDb数据预测并与LSTM对比

卷积神经网络在计算机视觉领域有着非常广泛的应用，但在某些领域，卷积神经网络就不太好用了，例如，语音识别领域，我们要按语言的顺序处理小粒度的、每一帧的声音信息，有些语音还需要根据语音的上下文进行识别；自然语言处理领域，我们需要依次读取各个词语，同样根据句子的上下文来识别某段或某句文本的语义。

我们发现这些场景有一个共同点，就是需要处理的数据都与时间序列（简称时序）有关，输入的序列数据的长度是不固定的。在真实的语音识别场景中，例如，对一个报告进行语音识别，即便演讲者按照讲稿报告，演讲者所讲每句话的时间也会不同，而识别演讲者的语音还需要考虑讲话的具体内容，因为当前语句在很大概率上与前文的信息相关。而在经典的人工神经网络或卷积神经网络中，无法解决上下文时序问题，这便需要一种不同于卷积神经网络的模型，该模型需要具有一定的记忆能力，并能够按照数据的时序依次处理任意长度的信息。这种模型就是循环神经网络。本章将讲解循环神经网络的结构及循环神经网络的优化。

任务 10.1 对时序数据建模

【任务描述】

时序数据如文本、语音、语言等，这些数据的特点是具有一个时间维度，但数据之间可能并没有局部相关性。

本任务我们需要建立时序数据，并利用循环神经网络实现对时序数据的建模。

【关键步骤】

（1）了解时序数据及其表示方式。

（2）理解词向量的概念。

（3）能使用预训练的词向量模型。

10.1.1　时序数据

时序数据是生活中常见的一类数据，人们说的每句话、印刷物或网络上的每段文本都属于时序数据。时序是一个抽象的概念，可以简单地认为它描述的是文本中词与词出现的先后顺序。谈到时序数据，它与一个领域息息相关，即自然语言处理领域。在这个领域内有一个非常重要的模型——语言模型。一个好的语言模型可以根据建模方式完成问答预测、语言翻译、词语向量化、情感分析等任务。在训练语言模型时，通常是根据词语出现的先后顺序将其向量化，然后输入模型进行训练。

时序数据具有先后顺序，日常用的文本数据具有这种特性，另外还有更多随时间变化的数据，如商品价格、天气数据等。众所周知，任何算法中，输入模型的肯定是一些数字或张量，只能够对这些数字或张量进行计算。对于时序数据，我们如何把时序数据转换为张量呢？假设将一周内的教室温度记为一维向量 $[x_1,x_2,x_3,x_4,x_5,x_6,x_7]$，它的形状为[7]。如果用 x 表示 n 个教室一周内温度的变化趋势，可以记为二维张量 $\left[\left[x_1^1,x_2^1,x_3^1,x_4^1,x_5^1,x_6^1,x_7^1\right],\left[x_1^2,x_2^2,x_3^2,x_4^2,x_5^2,x_6^2,x_7^2\right],\cdots,\left[x_1^n,x_2^n,x_3^n,x_4^n,x_5^n,x_6^n,x_7^n\right]\right]$，$n$ 表示教室数量，张量形状为[n,7]。

这样看来这类数据的转换并不麻烦，只需要一个形状为[n,l]的张量即可，其中 n 为序列数量，l 为序列长度。但是这种方法并不适用于所有时序数据，很多数据并不能像温度一样直接用一个标量数值表示，例如每个时间步中产生长度为 f 的特征，则需要形状为[n,l,f]的张量才能表示。

1. 文本序列的表示方式

最常用的文本数据是句子，它是由时间步上的词构成的，每个词的表现形式都是字符，并不能直接用某个标量表示。我们已经知道神经网络本质是经过一系列的矩阵相乘、相加等运算得到的函数，但是并不能直接处理字符串类型的数据。如果将神经网络用于自然语言处理任务，究竟如何把词或字符转化为数值呢？下面我们主要探讨文本序列的表示方法，对于其他非数值类型的数据同样可以参考文本序列的表示方法。

对于一个含 n 个词的句子，一种简单地表示每个词的方法就是独热编码方法。以英文句子为例，假设我们只考虑最常用的 5000 个单词，那么任意一个单词就可以表示为有 1 位为 1、其他位为 0、总长度为 5000 的稀疏向量。对于中文句子，我们也只考虑最常用的 3500 个汉字，同样的方法，一个汉字可以用长度为 3500 的独热向量表示，对于中文词语亦是如此。

我们将文字编码成数值的算法叫作词嵌入（word embedding），它也表示经过这个过程得到的词向量，具体表示算法还需要根据语境确定。独热编码方法实现了非常简单的词嵌入，编码过程不需要学习和训练，直接转化即可。但缺点也很明显，独热编码的向量是高维度而且极其稀疏的，且它的向量长度太长，所以存储这些向量就需要很大的空间。同时大量的位为 0，计算效率较低，且不利于训练深层神经网络。从语义角度来讲，独热编码还有一个非常严重的问题，即忽略了单词本来具有的语义相关性。举例来说，对于词语"喜欢""喜爱""北京""上海"，"喜欢"和"喜爱"在语义角度的相关性就很强，"北京"和"上海"都表示我国的某个城市。对于这样的词语，如果采用独热编码，得到的向量会直接忽略数值关系，并不能体现原来的相关度。对神经网络来说，这些相关度与特征息息相关，因此独热编码具有明显的缺陷。

2. 预训练的词向量

其实词向量可以直接通过训练的方式得到，利用神经网络得到词向量的方法可以考虑词之间的相关性。这种由训练得到词向量方式是目前最常用的词嵌入方式，它是对传统的词袋模型编码方案的改进。在词嵌入中，单词由密集向量表示，其中向量表示将单词投影到连续向量空间中。下面介绍目前主流方法 Word2Vec 和 GloVe。

Word2Vec 包含两个模型：跳字模型（skip-gram）和连续词袋模型（continues bag of words，CBOW）。例如文本序列"the""man""loves""his""son"，中心词是"loves"。跳字模型假设基于某个中心词来生成在文本序列内中心词周围的词，关心的是生成与中心词距离不超过两个词的背景词"the""man""his""son"的条件概率；而连续词袋模型是基于多个背景词来预测一个中心词，即基于"the""man""his""son"等预测出"loves"。连续词袋模型对小型数据库比较合适，而跳字模型在大型语料中表现得更好。具体的训练方法读者可以查阅相关资料来了解。

GloVe 用于对跳字模型进行改进。Word2Vec 每次都是用一个窗口中的信息更新词向量，GloVe 是用全局的信息（共现矩阵），也就是多个窗口中的信息更新词向量。

应用预训练的词向量时，以 Keras 为例，它提供了一个嵌入层，适用于文本数据的神经网络，嵌入层将正整数（下标）转换为具有固定大小的向量，它要求输入数据是整数编码的，所以每个字都用唯一的整数表示。其中准备数据的步骤可以使用 Keras 提供的 Tokenizer API 来执行。嵌入层用随机权重进行初始化，并将训练数据集中的单词输入嵌入层。

在应用时，我们还可以使用预训练的词向量模型来得到单词的表示方法，预训练的词向量模型相当于迁移了整个语义空间的知识，往往能得到更好的性能。

目前 Word2Vec 和 GloVe 的预训练模型应用得比较广泛。这些预训练模型在海量语料库中训练，已经得到较好的表示方法，可以直接导出学习到的词向量，方便迁移到其他任务。例如 GloVe 模型 GloVe.6B.100d，其训练词汇量为 40 万，每个单词使用长度为 100 的向量表示，我们只需要下载对应的词向量模型即可。

如何训练词向量模型并使用呢？我们需要将自己的训练语料的每一句先转换为序列形式，这个序列中的数字代表了语料的单词，再利用词向量模型，从中索引到单词的词向量，构成我们语料空间中的词向量。在使用嵌入层时，只需要 Keras 利用已经预训练好的词向量去初始化嵌入层的查询表即可。在预训练模型的文件中看到的数据其实是每个单词后对应的 100 个数字，如图 10.1 所示。

```
the 0.418 0.24968 -0.41242 0.1217 0.34527 -0.044457 -0.49688 -0.17862 -0.00066023 -0.6566 0.27843 -0.
, 0.013441 0.23682 -0.16899 0.40951 0.63812 0.47709 -0.42852 -0.55641 -0.364 -0.23938 0.13001 -0.0637
. 0.15164 0.30177 -0.16763 0.17684 0.31719 0.33973 -0.43478 -0.31086 -0.44999 -0.29486 0.16608 0.1196
of 0.70853 0.57088 -0.4716 0.18048 0.54449 0.72603 0.18157 -0.52393 0.10381 -0.17566 0.078852 -0.362
to 0.68047 -0.039263 0.30186 -0.17792 0.42962 0.032246 -0.41376 0.13228 -0.29847 -0.085253 0.17118 0
```

图10.1　预训练的GloVe.6B.100d词向量

经过预训练的词向量模型初始化的嵌入层可以设置为不参与训练，这样预训练的词向量模型就可以直接应用到特定任务上。如果希望学到与预训练的词向量模型不同的表示方法，可以把嵌入层包含到反向传播算法中，利用梯度下降来微调单词向量。

10.1.2　循环神经网络

1. 经典循环神经网络结构

在经典循环神经网络中，神经元的输出可以在下一个时间步直接作用到自身，如图 10.2 所示。

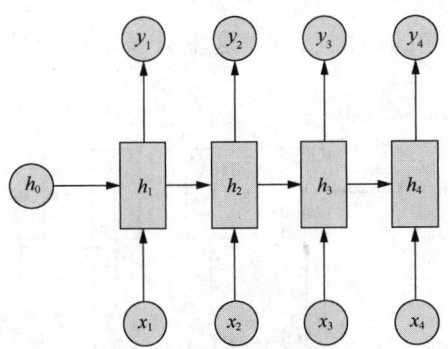

图10.2　经典循环神经网络

初看图 10.2 会有些摸不到头脑，我们依次展开进行讲解。首先，观察图中最下方的输入，在实际应用中，我们还会遇到很多序列数据，如对于自然语言处理问题，x_1 可以看作第一个单词，x_2 可以看作第二个单词，依此类推；对于语音处理问题，此时 $x_1, x_2, x_3, \cdots$ 是每帧的声音信号等。

　　循环神经网络引入了隐藏状态（hidden state）h，h 以可对序列数据进行特征提取，接着将其转换为输出。图 10.3 所示为从图 10.2 整个时间步的展开形式中提取的第一个时间步隐藏状态的示意。例如，x_1 是输入的第一个单词，h_0 是第一个隐藏状态。其中引入了参数 U、W、b，完成线性计算后通过激活函数得到隐藏状态 h_1。内部的计算如图 10.3 所示。

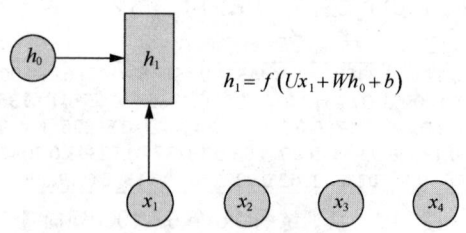

$$h_1 = f(Ux_1 + Wh_0 + b)$$

图10.3　第一个时间步隐藏状态的示意

　　接着，第二个隐藏状态计算和第一个隐藏状态计算类似，如图 10.4 所示。需要注意的是，在循环神经网络中每个时间步使用的参数 U、W、b 是同一组参数。

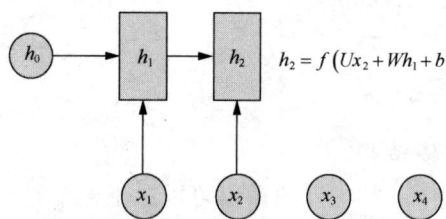

$$h_2 = f(Ux_2 + Wh_1 + b)$$

图10.4　第二个时间步隐藏状态的示意

　　同样能够计算出后续的隐藏状态，这里只表示到第四个隐藏状态，如图 10.5 所示。

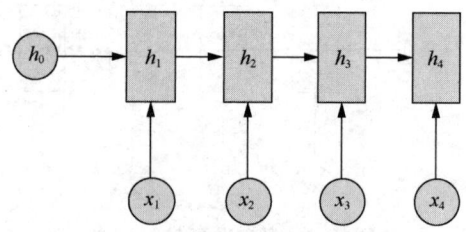

图10.5　后续时间步隐藏状态的示意

　　接下来，计算循环神经网络的输出，如图 10.6 所示。

　　图 10.6 中，输出之前使用了 Softmax 激活函数，引入了参数 V、c，使用同一组参数 V、c 依次计算出每个时间步的输出。

10
Chapter

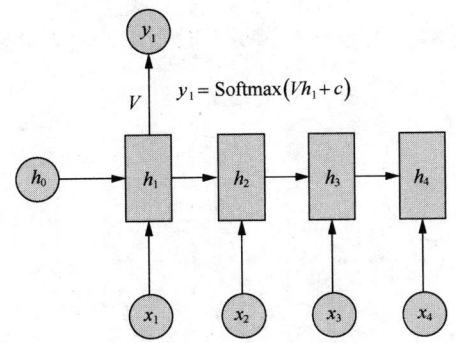

图10.6　第一个时间步的输出

前面讲解的是将循环神经网络按时间步展开的详细计算方式，整体按时间步展开的过程如图 10.7 所示。在时间步中，隐藏层每次计算完都将更新状态作用于下一次计算，也就是说，可以把循环神经网络看作同一网络的多个副本，每个副本都将消息传递给后续状态。

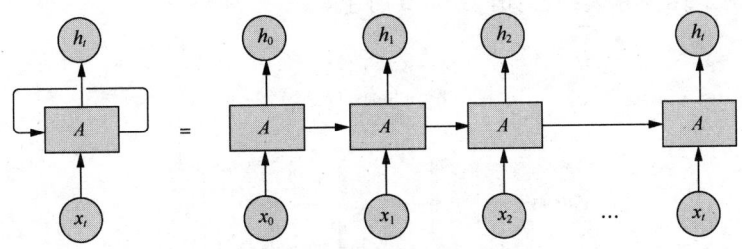

图10.7　按时间步展开的过程

2. 循环神经网络建模

我们已经了解了循环神经网络的计算方式，但是只了解这些还不够，还需要知道根据不同的任务选择不同的建模方式。

第一种建模结构：输入是一个单独的值，输出是一个序列。这种问题也称为 vector-to-sequence，例如由图像特征生成文本或音乐。针对这种问题有两种主要的建模方式。一种建模方式是只在其中的某一个时间步序列进行计算，如仅在序列的第一个时间步进行计算，如图 10.8 所示。

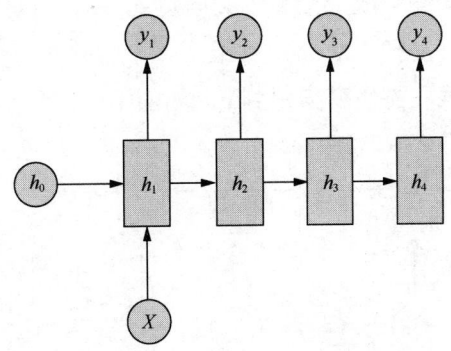

图10.8　仅在第一个时间步输入的结构示意

另外一种建模方式是将输入信息作为每个时间步的输入并对其进行计算，如图 10.9 所示。

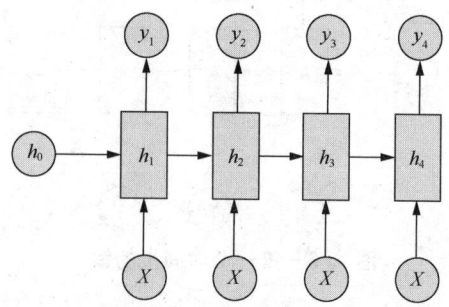

图10.9　将输入信息作为每个时间步的输入

第二种建模结构：输入是一个序列，输出是一个单独的值，这种问题也称为 sequence-to-vector。此时通常在最后一个序列上进行输出变换，例如情感分析、判断文字视频类别，这种建模结构如图 10.10 所示。

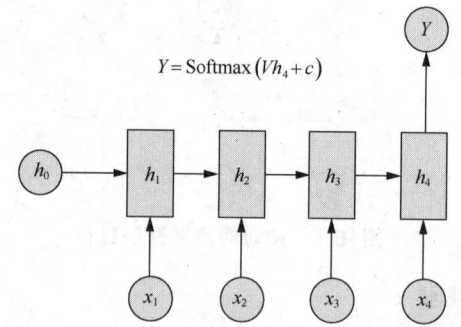

$$Y = \mathrm{Softmax}\left(Vh_4 + c\right)$$

图10.10　循环神经网络输出为单独值的结构示意

第三种建模结构：输入是序列，输出也是序列，即 sequence-to-sequence 模型。此类模型可以应用在输入和输出不等长的序列建模场景下，如机器翻译和自动问答等。在机器翻译中，源语言和目标语言的句子长度往往不同；在自动问答中，问题与回答的句子长度也很可能不同。

我们可以将输入数据编码成一个上下文向量 c，这部分称为 Encoder。得到 c 有多种方法，最简单的方法就是把 Encoder 的最后一个隐藏状态做变换或直接赋值给 c，还可以通过对所有的隐藏状态做变换得到 c，如图 10.11 所示。

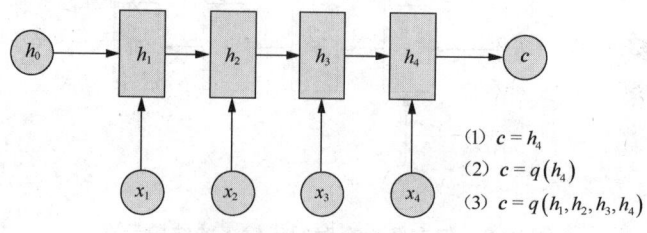

(1)　$c = h_4$
(2)　$c = q\left(h_4\right)$
(3)　$c = q\left(h_1, h_2, h_3, h_4\right)$

图10.11　Encoder示意

10 Chapter

　　然后用另一个循环神经网络对其进行解码，这部分称为 Decoder。图 10.12 与图 10.13 所示为 Decoder 的两种形式。

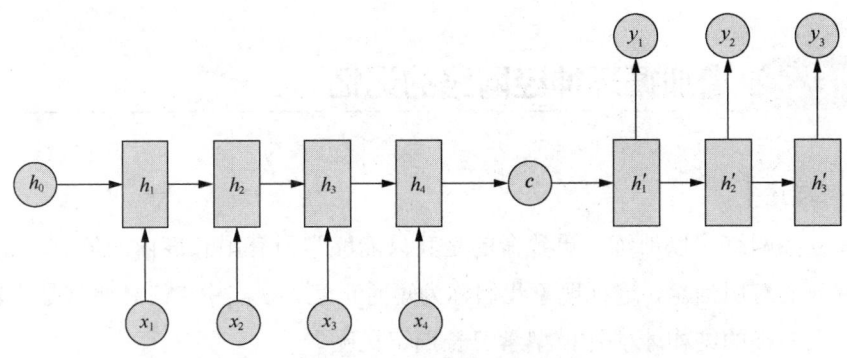

图10.12　向量**c**作为初始状态输入Decoder

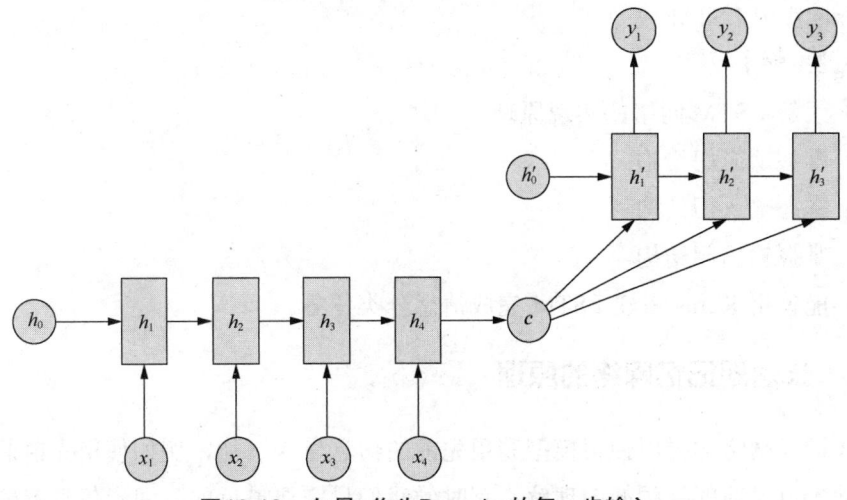

图10.13　向量**c**作为Decoder的每一步输入

3. 循环神经网络的训练问题

　　循环神经网络与传统人工神经网络都使用反向传播算法，但是循环神经网络的参数是共享的，传统人工神经网络各层的参数间都是独立的。在使用反向传播算法时，循环神经网络每一步的输出不仅依赖当前步的状态，还依赖之前多步的状态。

　　由于循环神经网络的循环记忆结构会影响后面的时间步其他的隐藏状态，训练时会产生梯度时大时小的问题，学习率没有办法个性化调整，因此在训练网络的过程中，损失会振荡起伏。为了解决循环神经网络的这个问题，在训练的时候，可以设置临界值，当梯度大于某个临界值时，直接截断，用这个临界值作为梯度的大小，防止损失大幅振荡。

　　还有一个问题是循环记忆结构的本质是累乘，这样会导致激活函数导数的累乘，如果取 tanh 或 Sigmoid 函数作为激活函数，无非是一堆小数在做乘法，结果越乘越小。

随着时序的不断深入，小数的累乘会导致梯度越来越小，直到接近于 0，极易引起梯度消失现象。

任务 10.2　增加循环神经网络的记忆

【任务描述】

循环神经网络难以训练，更致命的是其只能够学习有限长度内的信息，无法利用较长范围内的有用信息，这种现象我们称为短时记忆。现实中，信息通常是比较长的，该设计一个怎样的结构才能让模型学习长期记忆呢？

本任务要求掌握长短期记忆（long short-term memory，LSTM）网络的原理，并能使用 Keras 实现 LSTM 模型。

【关键步骤】

（1）了解 LSTM 网络的实现原理。

（2）掌握遗忘门结构。

（3）掌握输入门结构。

（4）掌握输出门结构。

（5）能使用 Keras 搭建 LSTM 完成情感分类任务。

10.2.1　长短期记忆网络的原理

循环神经网络的提出使得模型利用先前的信息变为可能，例如使用先前的视频帧可能有助于对当前的视频帧的理解，有时候我们只需要最近的时间步信息就能够进行现在的预测。假设有一个语言模型，该模型试图根据前一个词语预测下一个词语。例如我们要预测"云在……中"的最后一个词语，则不需要任何进一步的上下文，很明显，最后一个词语是"天空"。在这种情况下，相关信息与所需信息之间的差距很小，循环神经网络可以学习到使用过去的信息，如图 10.14 所示。

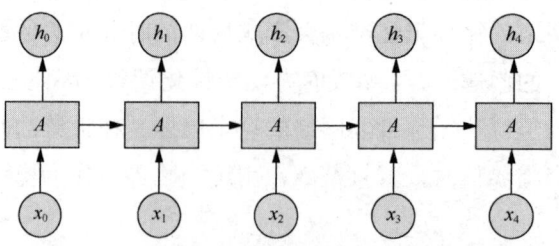

图10.14　经典循环神经网络能够学习短期依赖

在一些情况下，我们需要更多背景信息。假设要预测文本"我在中国北京长大……

我会说流利的……"中的最后一个词语。时间步相近的信息表明，最后一个词语可能是一种语言的名称（如"中文""英文""日语"等），但是如果我们想缩小语言名称的范围，需要"中国"的背景信息，这需要更远时间步的信息。但是，随着时间步的扩大，循环神经网络无法学习这些信息，如图 10.15 所示。

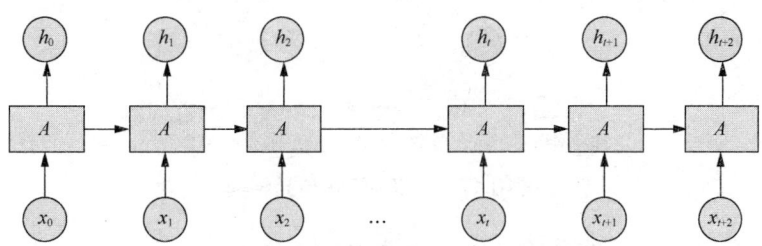

图10.15　循环神经网络无法学习长期依赖

这是因为循环神经网络在处理长期依赖（时序上距离较远的节点）时，由于计算距离较远的节点之间的联系时会涉及矩阵的多次相乘，这样会造成梯度消失或者梯度爆炸，以至于无法学习到长期记忆。

LSTM 网络是一种特殊的循环神经网络，能够学习长期依赖的关系，可以看成是 RNN 的变体。LSTM 网络由霍克莱特（Hochreiter）和施密德胡博（Schmidhuber）于 1997 提出，并在随后的工作中被许多人优化和推广。LSTM 网络在很多问题上都表现出色，现已被广泛使用。

LSTM 网络与经典的循环神经网络从结构上有什么不同呢？

所有循环神经网络都具有一种重复神经网络模块的链式的形式。在循环神经网络中，这个重复的模块只有一个非常简单的结构，如线性计算后通过 tanh 激活函数，如图 10.16 所示。

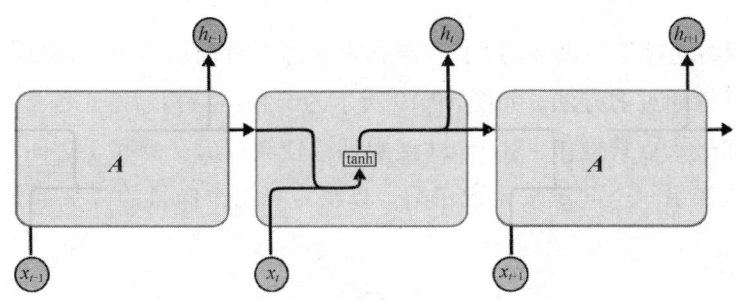

图10.16　循环神经网络的记忆单元结构

LSTM 网络同样是这样重复的架构，但是记忆单元拥有不同的结构。不同于单一神经网络层，LSTM 网络有 4 个神经网络层，它们以一种非常特殊的方式进行交互，如图 10.17 所示。

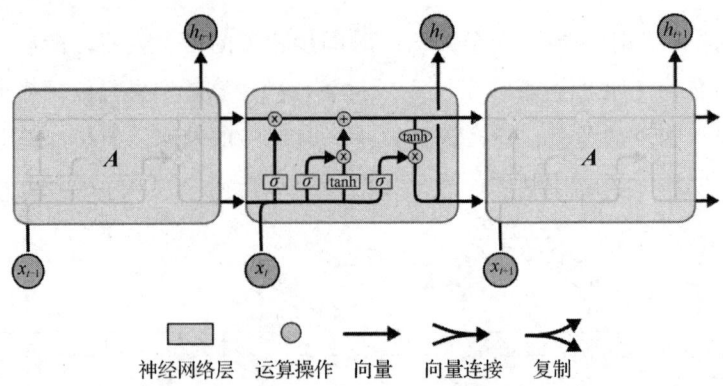

图10.17　LSTM记忆单元结构

图 10.17 中间的大方框每一条线都代表从一个节点的输出到其他节点的输入的向量，⊗代表张量点乘或求和的操作，小的矩形框代表含有参数的神经网络层。合在一起的线表示向量的连接，分开的线表示内容被复制，然后将复制的内容分发到不同的位置。

LSTM 网络的关键就是内部状态，LSTM 内部状态如图 10.18 所示。内部状态沿图 10.18 上方的水平线贯穿运行。内部状态的更新类似于在传送带的整个链上运行，只有一些少量的线性交互，信息在上面保持和更新会比较容易。

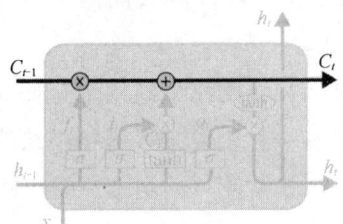

图10.18　LSTM内部状态示意

LSTM 网络通过精心设计的"门"结构来去除或者增加信息到内部状态。门是一种让信息选择性通过的方法。如图 10.19 所示为一种门结构示意，包含一个 Sigmoid 神经网络层和一个点乘操作。Sigmoid 函数调节使其输出在 0 和 1 之间，因此产生的输出向量可以和另一个向量按元素相乘，以决定第二个向量的多少部分可以通过第一个。

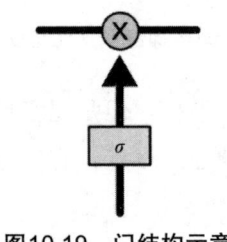

图10.19　门结构示意

LSTM 网络拥有三个门，分别是遗忘门、输入门和输出门，以保护和控制内部状态。三个门用相同的等式但是不同的参数矩阵进行计算。

1. 遗忘门

遗忘门作用于内部状态，能够将内部状态的信息选择性地遗忘。它定义了希望前一状态 h_{t-1} 的多少部分可以通过。遗忘门示意如图 10.20 所示。

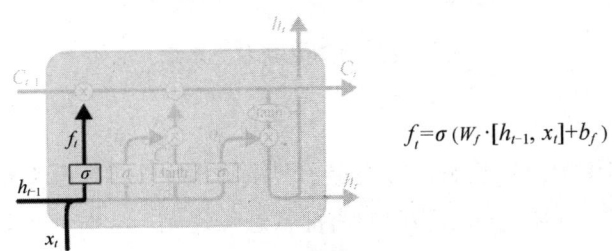

$$f_t = \sigma \left(W_f \cdot [h_{t-1}, x_t] + b_f \right)$$

图10.20　遗忘门示意

对于图 10.20 中的每一个时间步，遗忘门会读取 h_{t-1} 和 x_t，经过激活函数计算后，输出一个 0～1 的数值给每个在内部状态 C_{t-1} 中的元素。1 表示"完全保留"，0 表示"完全舍弃"。遗忘门决定了保留的长期时间步记忆，计算函数如图 10.20 右侧所示。

2. 输入门

输入门同样作用于内部状态，将新的信息选择性地记录到内部状态中。它定义了为当前输入 x_t 新计算出的状态的多少部分可以通过，输入门示意如图 10.21 所示。我们观察图 10.21，在记录信息的过程中，i_t 部分利用了 Sigmoid 激活函数输出的数值位于 0～1 的特性,决定我们将要更新的值，tanh 层创建一个新的候选值向量 $\tilde{C}_t$ 并将其添加到内部状态中。

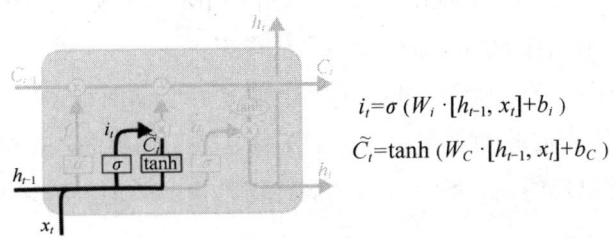

$$i_t = \sigma \left(W_i \cdot [h_{t-1}, x_t] + b_i \right)$$
$$\tilde{C}_t = \tanh \left(W_C \cdot [h_{t-1}, x_t] + b_C \right)$$

图10.21　输入门示意

前面的步骤已经将添加的信息选择了出来，接下来将 C_{t-1} 更新为 C_t。在遗忘门中，旧状态与 f_t 相乘，丢弃我们需要丢弃的信息。接着与 $i_t \cdot \tilde{C}_t$ 相加得到新的候选值，根据网络选择的信息更新每个状态，如图 10.22 所示。

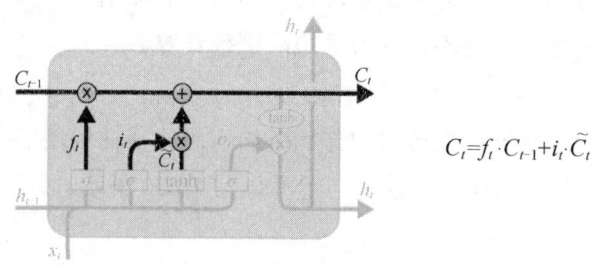

$$C_t = f_t \cdot C_{t-1} + i_t \cdot \tilde{C}_t$$

图10.22　更新内部状态示意

3. 输出门

输出门同样作用于内部状态，它决定了网络输出什么值，想要把当前状态的多少部分揭示给下一层，并将与输出相同的内部状态传递到下一时间步。

图 10.23 所示为输出门示意。我们使用了 Sigmoid 函数来确定内部状态的输出部分。内部状态首先通过 tanh 激活函数进行处理，接着与 Sigmoid 激活函数的输出相乘，最终得到输出的部分。

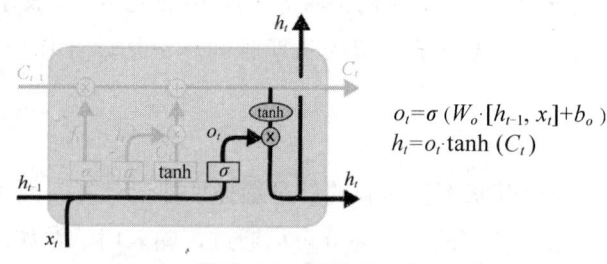

$$o_t = \sigma\left(W_o \cdot [h_{t-1}, x_t] + b_o\right)$$
$$h_t = o_t \cdot \tanh\left(C_t\right)$$

图10.23　输出门示意

10.2.2　基于 LSTM 实现 IMDb 电影评论情感分类

在本次实验中，我们使用 Keras 已经封装好的 IMDb 数据集。IMDb 是互联网电影资料库，该数据集中包含 50000 条偏向明显的电影评论，将其中 25000 条评论作为训练集，另外 25000 条评论作为测试集，标签为正面和负面两种评价。

为了方便使用，IMDb 数据集中的单词下标是基于词频的，也就是说用数字 3 代替数据集中第 3 常出现的词。数字 0 不代表任何特定的单词，用来编码任何一个未知的单词。

我们可以使用以下代码来导入数据集对象并对其进行操作。

```
from keras.datasets import imdb
(X_train, y_train), (X_test, y_test) = imdb.load_data(path = "imdb.npz",
nb_words=top_words, skip_top=0,
maxlen=None, test_split=0.1,seed=2,start_char=1,oov_char=2,
index_from=3 )
```

上述方法中，较为重要的参数意义如下。

➢ path：数据集的位置，用户可以从网上下载数据集保存到本地。

➢ nb_words：值为整数，大于该词频的单词会被读取，大于该词频的单词会用 oov_char 定义的数字代替。

➢ skip_top：值为整数，词频小于此整数的单词会被读入，大于此整数的会被 oov_char 定义的数字代替。

➢ oov_char：值为整数，定义不满足条件（条件由 nb_words 与 skip_top 设定）的单词的替代值。凡不满足过滤条件的单词的索引都用此数值代替。

在实验中我们使用 IMDb 对象加载数据集，并简单观察数据的分布与具体值，代码如下：

```
#导入必要的包
import numpy as np
import matplotlib.pyplot as plt
import keras
from keras.datasets import imdb
from keras.models import Sequential
from keras.layers import Dense, Flatten, Dropout
from keras.layers import LSTM
from keras.layers.embeddings import Embedding
from keras.preprocessing import sequence
#加载数据集，仅保留前 n 个字，其余为零
top_words = 10000
(X_train, y_train), (X_test, y_test) = imdb.load_data(num_words=top_words)
#统计每条评论的词数
lens = list(map(len, X_train))
print('max, min, mean: {}'.format((np.max(lens), np.min(lens),
np.mean(lens))))
plt.hist(lens)
plt.show()
```

在这里简单统计了每条评论的词数，执行结果如图 10.24 所示，可见大部分评论的词数都处于 0～500 之间。

接着从数据集中取出一条评论观察它的元素值，代码如下：

```
print(len(X_train[0]))
print(X_train[0])
```

图 10.25 所示为输出结果。

max,min,mean: (2494, 11, 238.71364)

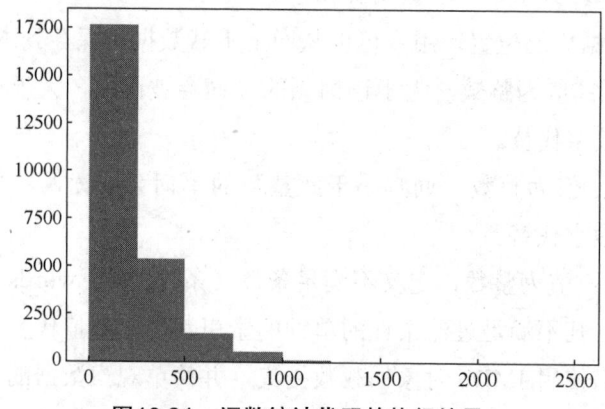

图10.24　词数统计代码的执行结果

```
218
[1, 14, 22, 16, 43, 530, 973, 1622, 1385, 65, 458, 4468, 66, 3941, 4, 173, 36, 256, 5, 25, 100, 43, 838, 112, 50, 670, 2, 9, 35, 480, 28
4, 5, 150, 4, 172, 112, 167, 2, 336, 385, 39, 4, 172, 4536, 1111, 17, 546, 38, 13, 447, 4, 192, 50, 16, 6, 147, 2025, 19, 14, 22, 4, 192
0, 4613, 469, 4, 22, 71, 87, 12, 16, 43, 530, 38, 76, 15, 13, 1247, 4, 22, 17, 515, 17, 12, 16, 626, 18, 2, 5, 62, 386, 12, 8, 316, 8, 1
06, 5, 4, 2223, 5244, 16, 480, 66, 3785, 33, 4, 130, 12, 16, 38, 619, 5, 25, 124, 51, 36, 135, 48, 25, 1415, 33, 6, 22, 12, 215, 28, 77,
52, 5, 14, 407, 16, 82, 2, 8, 4, 107, 117, 5952, 15, 256, 4, 2, 7, 3766, 5, 723, 36, 71, 43, 530, 476, 26, 400, 317, 46, 7, 4, 2, 1029,
13, 104, 88, 4, 381, 15, 297, 98, 32, 2071, 56, 26, 141, 6, 194, 7486, 18, 4, 226, 22, 21, 134, 476, 26, 480, 5, 144, 30, 5535, 18, 51,
36, 28, 224, 92, 25, 104, 4, 226, 65, 16, 38, 1334, 88, 12, 16, 283, 5, 16, 4472, 113, 103, 32, 15, 16, 5345, 19, 178, 32]
```

图10.25　评论中词语的索引值

可见，训练数据已经根据词频转为数字列表，列表的元素值其实都是单词在词频表中的索引值，之后我们可以使用 IMDb 对象的 get_word_index()方法得到单词与索引值的映射字典。接下来根据映射表把评论的索引值映射为我们能看懂的单词，代码如下：

```
# 词索引偏移
INDEX_FROM=3
#词转索引
word_to_id = keras.datasets.imdb.get_word_index()
word_to_id = {k:(v+INDEX_FROM) for k,v in word_to_id.items()}
word_to_id["<PAD>"] = 0
word_to_id["<START>"] = 1
word_to_id["<UNK>"] = 2
#索引转词
id_to_word = {value:key for key,value in word_to_id.items()}
print(' '.join(id_to_word[id] for id in X_train[0] ))
```

上述代码需要注意一点，在 Keras 内，IMDb 的词频表被重新映射了，其中 0、1、2 被替换为特殊的词。在原始数据集中，如单词"the"的索引是 1，而 Keras 将其索引改为 4，因此上述代码中做了索引偏移的工作。以上代码的输出结果如图 10.26 所示，可以看到数据集中第一条评论的部分内容。在程序中设置只加载前 10 000 个单词。

```
<START> this film was just brilliant casting location scenery story direction everyone's really suited the part they played and you coul
d just imagine being there robert <UNK> is an amazing actor and now the same being director <UNK> father came from the same scottish isl
and as myself so i loved the fact there was a real connection with this film the witty remarks throughout the film were great it was jus
t brilliant so much that i bought the film as soon as it was released for <UNK> and would recommend it to everyone to watch and the fly
fishing was amazing really cried at the end it was so sad and you know what they say if you cry at a film it must have been good and thi
s definitely was also <UNK> to the two little boy's that played the <UNK> of norman and paul they were just brilliant children are often
left out of the <UNK> list i think because the stars that play them all grown up are such a big profile for the whole film but these chi
ldren are amazing and should be praised for what they have done don't you think the whole story was so lovely because it was true and wa
s someone's life after all that was shared with us all
```

图10.26　索引转换为单词

接下来将数据集处理为能放入 LSTM 网络中的数据格式。由于每条评论的长度是不一致的,但是我们做的分类任务需要 Dense 层,因此需要手动固定输入序列的长度,如果不固定长度,Dense 层输出的尺寸是无法计算的。具体代码如下:

```
#设定评论最大长度包含 500 个词,词向量长度为 128
max_review_length = 500
embedding_vector_length = 128
#利用 sequence 模块填充序列
X_train = sequence.pad_sequences(X_train, maxlen=max_review_length)
X_test = sequence.pad_sequences(X_test, maxlen=max_review_length)
print(X_train.shape)
print(X_train[0])
```

上述代码使用了 Keras 提供的预处理包 keras.preproceing 下的序列处理模块 sequence,pad_sequences(sequences, maxlen)方法将序列填充到 maxlen 长度。我们对数据进行简单分析时发现大部分评论都含有 0~500 个单词,少部分评论超过了 500 个单词,对于超过 500 个单词的评论将进行截断处理,因此序列的最大长度设置为 500。词向量的维度设置为 128,这个参数并没有硬性规定,通常是几十维到数百维。可以想到的是语料越丰富则单词越多,高维度的词向量更能表征单词本身。上述代码的输出结果如图 10.27 所示,可以看到这里将数据集的一个评论用 0 填充到了 500 个单词的长度。

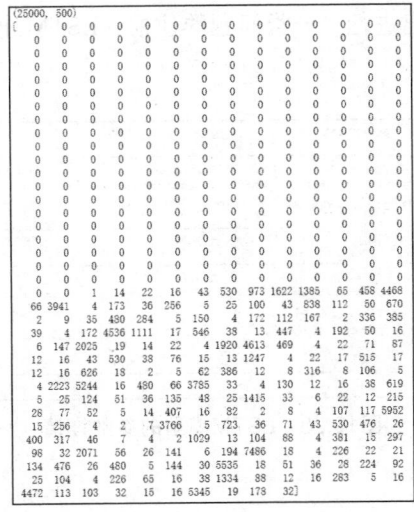

图10.27　统一输入序列的长度

到此为止，我们已经准备好了训练数据，下面开始搭建 LSTM 模型。

Keras 已经将 LSTM 网络封装，使用 keras.layers 下的 LSTM 模块即可实现 LSTM 模型。对内部实现感兴趣的读者可以阅读其源码或者使用 TensorFlow 实现。搭建 LSTM 模型的代码如下：

```
model = Sequential()
#词嵌入层
model.add(Embedding(input_dim=top_words,
            output_dim=embedding_vector_length,
            input_length=max_review_length))
#第一个dropout对输入的数据使用丢弃法，recurrent_dropout对循环神经网络中的递
#归计算的隐藏状态使用丢弃法
model.add(LSTM(output_dim=32, dropout=0.2, recurrent_dropout=0.2))
model.add(Dense(1, activation='Sigmoid'))
model.compile(loss='binary_crossentropy',
                optimizer='RMSprop',
                metrics=['accuracy'])
print(model.summary())
```

上述代码在词嵌入层调用了 keras.layers.embeddings 下的 Embedding，Embedding 需要 input_dim 与 output_dim 参数。input_dim 为大于 0 的整数，代表词汇表的大小；output_dim 为大于等于 0 的整数，代表词向量的维度。由于分类问题需要固定输入序列长度，因此必须设置 input_length 参数，它代表输入序列的长度。Embedding 有多种初始化方法，我们默认使用随机初始化的方法初始化词向量。

LSTM 模型的参数有很多，但必须指定输出的维度，其他参数均有默认值。这里我们用到了丢弃法来避免过拟合。之后根据实验数据判断评论是正面的还是负面的，最终使用一个节点作为输出进行二分类问题的建模。LSTM 模型的参数详情如图 10.28 所示。

```
Model: "sequential_1"

Layer (type)                 Output Shape              Param #
=================================================================
embedding_1 (Embedding)      (None, 500, 128)          1280000
_____
lstm_1 (LSTM)                (None, 32)                20608
_____
dense_1 (Dense)              (None, 1)                 33
=================================================================
Total params: 1,300,641
Trainable params: 1,300,641
Non-trainable params: 0
_____
None
```

图10.28　LSTM模型的参数详情

模型训练代码如下：

```
model.fit(X_train, y_train,
```

```
validation_data=(X_test, y_test),
epochs=10,
batch_size=64 )
```

训练完毕后模型的验证精度在 87% 左右，模型的训练日志如图 10.29 所示。

```
Train on 25000 samples, validate on 25000 samples
Epoch 1/10
25000/25000 [==============================] - 325s 13ms/step - loss: 0.4636 - accuracy: 0.7871 - val_loss: 0.3312 - val_accuracy: 0.865
2
Epoch 2/10
25000/25000 [==============================] - 331s 13ms/step - loss: 0.3343 - accuracy: 0.8653 - val_loss: 0.3286 - val_accuracy: 0.867
0
Epoch 3/10
25000/25000 [==============================] - 338s 14ms/step - loss: 0.2887 - accuracy: 0.8881 - val_loss: 0.3284 - val_accuracy: 0.865
7
Epoch 4/10
25000/25000 [==============================] - 334s 13ms/step - loss: 0.2623 - accuracy: 0.9001 - val_loss: 0.3170 - val_accuracy: 0.872
1
Epoch 5/10
25000/25000 [==============================] - 338s 14ms/step - loss: 0.2420 - accuracy: 0.9061 - val_loss: 0.3412 - val_accuracy: 0.873
4
Epoch 6/10
25000/25000 [==============================] - 329s 13ms/step - loss: 0.2247 - accuracy: 0.9148 - val_loss: 0.3327 - val_accuracy: 0.868
6
Epoch 7/10
25000/25000 [==============================] - 326s 13ms/step - loss: 0.2126 - accuracy: 0.9195 - val_loss: 0.3230 - val_accuracy: 0.874
2
Epoch 8/10
25000/25000 [==============================] - 328s 13ms/step - loss: 0.2023 - accuracy: 0.9260 - val_loss: 0.3257 - val_accuracy: 0.875
4
Epoch 9/10
25000/25000 [==============================] - 339s 14ms/step - loss: 0.1913 - accuracy: 0.9280 - val_loss: 0.3567 - val_accuracy: 0.866
5
Epoch 10/10
25000/25000 [==============================] - 336s 13ms/step - loss: 0.1849 - accuracy: 0.9319 - val_loss: 0.3442 - val_accuracy: 0.871
7
```

图10.29　模型的训练日志

下面我们输出训练完的词向量的参数，代码如下：

```
# 获取模型的参数
weights = model.get_weights()
embeddings = weights[0]
print("The Embedding Layer's Shape: {}\n".format(embeddings.shape))
embeddings[:3]
```

图 10.30 所示为词向量的参数。我们发现每个单词在当前任务中可以用一个 128 维的向量代替，且无法解释其中每个元素值的含义。

```
The Embedding Layer's Shape: (10000, 128)

array([[-2.57805903e-02,  4.03777100e-02, -2.19332203e-02,
         3.49793993e-02, -8.85390677e-03,  4.76222299e-02,
        -6.96299672e-02, -4.24667485e-02, -1.28335962e-02,
         1.38725119e-03,  1.38377016e-02, -9.40382630e-02,
         2.55695824e-03, -1.74921043e-02,  7.21167214e-03,
         6.97665811e-02, -1.69803724e-02, -7.01152859e-03,
         1.22397188e-02,  8.35328549e-02, -1.45084187e-01,
        -3.19672748e-02,  2.55405698e-02, -1.22751435e-02,
        -3.65426093e-02, -1.30494544e-03,  1.04987845e-02,
         4.32536844e-03,  3.39200087e-02,  1.22112492e-02,
        -1.48855790e-01,  2.14665215e-02, -4.97147553e-02,
         2.32409071e-02, -1.22803655e-02,  2.22967956e-02,
```

图10.30　词向量的参数

我们取一条负面评论与一条正面评论对训练完的模型进行测试，代码如下：

```
#负面与正面的评论
neg_review = "i have never fallen asleep whilst watching a movie before
i did with this one avoid at all costs give your time and money to a worthy
cause instead"
pos_review = "another good stooge short christine mcintyre is so lovely
and the same time in this one she is such a great actress the stooges are
very good and especially shemp and larry this to is a good one to watch around
autumn time"
#预测，为评论打分
for review in [pos_review, neg_review]:
    tmp = []
    for word in review.split(" "):
        tmp.append(word_to_id[word])
    tmp_padded = sequence.pad_sequences([tmp],
    maxlen=max_review_length)
print("Review: %s.\n Sentimental Score: %s" % (review, model.predict
(np.array([tmp_padded][0]))[0][0]))
```

图 10.31 所示为预测结果，可见模型已经足够可靠，能区分不同情感状态的评论。

```
Review: another good stooge short christine mcintyre is so lovely and the same time in this one she is such a great actress the stooges
are very good and especially shemp and larry this to is a good one to watch around autumn time.
 Sentimental Score: 0.97897184
Review: i have never fallen asleep whilst watching a movie before i did with this one avoid at all costs give your time and money to a w
orthy cause instead.
 Sentimental Score: 0.0044879797
```

图10.31　预测结果

任务 10.3　优化长短期记忆网络

【任务描述】

本任务要求掌握门控循环单元（gated recurrent unit，GRU）的两个门单元结构，利用 GRU 网络实现电影评论数据的情感分类。

【关键步骤】

（1）了解 GRU 的组成结构，掌握重置门、更新门的用法。

（2）利用 Keras 实现 GRU 网络在 IMDb 电影数据上的应用。

10.3.1 GRU 网络

长短期记忆网络的优点很突出，它具有更好的记忆能力，在大部分序列任务上的表现都优于经典的循环神经网络，更重要的是，LSTM 网络不容易出现梯度消失现象。但是它也有一个明显的缺点，就是计算起来较复杂，计算成本较高，模型参数量较大。于是，研究者尝试简化 LSTM 网络内部的计算流程，以减少门控数量。

通过研究发现，遗忘门是 LSTM 网络中最重要的门单元，研究者甚至发现只有遗忘门的简化版网络在多个基准数据集上的表现优于标准 LSTM 网络，于是提出 GRU。GRU 是 LSTM 的一种变体，保留了 LSTM 对梯度消失问题的抗力，与 LSTM 相比，GRU 将遗忘门和输入门合二为一变为更新门（update gate），再加一个重置门（reset gate），使得门数量变为 2 个。更新门定义了保留上一记忆的多少部分，重置门定义了如何把新的输入和上一记忆结合起来。计算程序少了一个门的计算，自然复杂度和计算量都降低了，在保持和 LSTM 模型相当的表达能力的前提下，提高了循环神经网络的训练速度。GRU 最后的激活函数不再是 LSTM 的 tanh 函数，而是按照 z_t 和 $1-z_t$ 的比例输出。

图 10.32 所示是 GRU 的结构示意。重置门用来控制上一个时间步的隐藏状态 h_{t-1} 进入 GRU 的量。r_t 代表重置门，它通过 Sigmoid 激活函数重新控制了 h_{t-1} 的信息，更新参数时由反向传播算法自动优化，重置门控制前一状态有多少信息被写入当前的候选信息上，重置门越小，前一状态的信息被写入得越少。前一隐藏状态信息通过更新门之后与当前输入信息连接在一起，通过 tanh 层得到备用输入信息 $\tilde{h}_t$ 以参与更新门的计算。

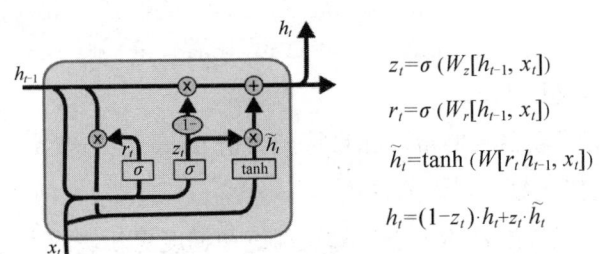

$$z_t = \sigma\left(W_z[h_{t-1}, x_t]\right)$$

$$r_t = \sigma\left(W_r[h_{t-1}, x_t]\right)$$

$$\tilde{h}_t = \tanh\left(W[r_t h_{t-1}, x_t]\right)$$

$$h_t = (1-z_t) \cdot h_t + z_t \cdot \tilde{h}_t$$

图10.32　GRU的结构示意

z_t 代表更新门，更新门用于控制上一个时间步的隐藏状态和新输入，更新门使用 Sigmoid 层控制了新输入的 $\tilde{h}_t$，用 $1-z_t$ 控制隐藏状态信号。当更新门 z_t 的量为 0 时，h_t 全部来源于隐藏状态；当更新门的量为 1 时，h_t 全部来源于新输入 $\tilde{h}_t$。

总体来说，LSTM 网络和 GRU 都是通过各种门函数将重要特征保留下来，这样就保证了在长期传播的时候这些特征不会丢失。此外 GRU 相对 LSTM 做了一些变体，但是性能上几乎同样出色，GRU 因为门的减少的确训练速度要快一些，而且较少的数据就可以泛化得很好，如果数据充足，LSTM 更为完善卓越的结构可能还会产生更好的泛化效果。

10.3.2 基于 GRU 实现 IMDb 数据预测并与 LSTM 对比

在这里使用与 LSTM 同样的 IMDb 数据集，且使用同样的方法对数据集进行预测。

```
model = Sequential()
#词嵌入层
model.add(Embedding(input_dim=top_words,
            output_dim=embedding_vector_length,
            input_length=max_review_length))
model.add(GRU(32))
model.add(Dense(256, activation='relu'))
model.add(Dropout(0.2))
model.add(Dense(1, activation='Sigmoid'))
model.compile(loss='binary_crossentropy',
                optimizer='RMSprop',
                metrics=['accuracy'])
print(model.summary())
```

为了防止过拟合，Keras 中提供了 earlyStopping 提前终止，它在 Keras.callbacks 中。常用的命令方式如下。

```
early_stopping = earlyStopping(monitor = 'val_loss',
                            patience = 50, verbose = 2)
history = model.fit(train_x, train_y, epochs = 300, batch_size = 20,
                validation_data =(test_x,test_y), verbose = 2,
                shuffle =False, callbacks =[early_stopping])
```

其各个参数的含义如下。

➢ monitor：表示要监视的量，如目标函数值 loss、准确率 acc 等。

➢ epochs：迭代次数，训练的轮数。

➢ batch_size：设置批量的大小，每次训练和梯度更新块的大小。

➢ patience：当 earlyStopping 被激活后，则经过 patience 个 epochs 后再停止训练。

➢ verbose：信息展示模式/进度表示方式。0 表示不显示数据，1 表示显示进度条，2 表示只显示一个数据。

➢ callbacks：回调函数列表，就是函数执行完后自动调用的函数列表。

➢ validation_split：验证数据的使用比例。

➢ validation_data：用来作为验证数据的(X, y)元组，代替 validation_split 所划分的验证数据。

➢ shuffle：类型为 boolean 或 str，确定是否对每一次迭代的样本进行 shuffle

操作。

所以，在编译和训练模型之前，我们先来对模型进行提前终止。

```
early_stopping = earlyStopping(monitor = 'val_acc', patience = 50)
model.compile(loss="binary_crossentropy",optimizer="adam",
                         metrics=["accuracy"])
```

模型训练代码如下：

```
model.fit(X_train, y_train,
        validation_data=(X_test, y_test),
        epochs=10,
        batch_size=64 ,
        callbacks=[es]
        shuffle=True)
```

传入测试集，分别对 LSTM 和 GRU 模型进行评估。

```
scores = model.evaluate(X_test,y_test)
```

输出结果如图 10.33 所示，显示了 LSTM 与 GRU 在 IMDb 数据集上的预测结果对比。

```
LSTM:test_loss: 0.458496, accuracy: 0.857640

GRU:test_loss: 0.442971, accuracy: 0.862920
```

图10.33　LSTM与GRU在IMDb数据集上的预测结果对比

在此次实验中，GRU 在性能上略高于 LSTM。实际工程中，人们更多会选择 GRU 来代替 LSTM，因为 GRU 比 LSTM 少了一个门，参数变少了，当训练样本较少时，GRU 模型的训练会有效地防止过拟合；当训练样本较多时，还可以减轻计算的压力，节省时间。

本章小结

➢　词向量技术是自然语言处理领域表示字符的技术，它将字或词转化为向量，从而能够对词、语句之间的关系建模。

➢　深度学习中最为基本的序列处理模型是循环神经网络。

➢　循环神经网络的模型参数在时间步上共享。

➢　LSTM 网络包含输入门、遗忘门和输出门，这些门可以控制信息的流动。

➢　GRU 是 LSTM 的一种变体，与 LSTM 相比减少了一个门，修改了循环神经网络中隐藏状态的计算方式。所以，GRU 的训练速度整体上要快于 LSTM 网络的训练速度。

本章习题

1. 简答题

（1）举例说明循环神经网络的主要应用场景。

（2）简述 LSTM 模型的结构原理。

2. 操作题

参照任务 10.2 和任务 10.3，使用 Keras 分别搭建 LSTM 和 GRU 模型，完成情感分类任务。